高等职业教育工业机器人技术专业系列教材

工业机器人操作与编程

主编　叶　泉　　朱红娟　　孟庆波

参编　许　璐　　黄清锋　　吴浙栋　　孙建军

　　　巢勤奋　　窦祥星　　王建华

机　械　工　业　出　版　社

本书以 ABB 工业机器人为载体，采用项目式编写体例。项目以实际工程案例为主，每个项目分解为若干任务，每个任务又分解为相关知识、任务实施和任务拓展，内容由浅入深，体现了理论与实践的紧密结合。每个项目中的任务拓展环节作为拓展练习，可提高学生的发散思维和综合运用能力。

本书由六个项目组成，包括工业机器人工作站的基本介绍、手动操纵、基本程序及运动指令的编辑、I/O 通信指令的设定、机器人程序控制指令的设定和 RAPID 高级程序指令的设定。

本书不仅可用于高等职业院校相关专业课程的教学，也可作为各类工业机器人编程与操作培训班的教材，还可作为从事工业机器人技术研究和开发的工程技术人员的参考书。

为方便教学，本书配有免费电子课件、仿真素材和操作视频等，凡选用本书作为教材的教师，均可登录机械工业出版社教育服务网 www.cmpedu.com 注册后下载。咨询电话：010-88379375。

图书在版编目（CIP）数据

工业机器人操作与编程/叶泉，朱红娟，孟庆波主编. —北京：机械工业出版社，2020.11（2024.1重印）

高等职业教育工业机器人技术专业系列教材

ISBN 978-7-111-66843-5

Ⅰ.①工… Ⅱ.①叶… ②朱… ③孟… Ⅲ.①工业机器人-操作-高等职业教育-教材②工业机器人-程序设计-高等职业教育-教材 Ⅳ.①TP242.2

中国版本图书馆 CIP 数据核字（2020）第 207346 号

机械工业出版社（北京市百万庄大街 22 号 邮政编码 100037）

策划编辑：薛 礼 责任编辑：薛 礼

责任校对：陈 越 封面设计：张 静

责任印制：常天培

北京机工印刷厂有限公司印刷

2024 年 1 月第 1 版第 5 次印刷

184mm×260mm·13.5 印张·334 千字

标准书号：ISBN 978-7-111-66843-5

定价：38.00 元

电话服务		网络服务	
客服电话：010-88361066		机 工 官 网：www.cmpbook.com	
010-88379833		机 工 官 博：weibo.com/cmp1952	
010-68326294		金 书 网：www.golden-book.com	
封底无防伪标均为盗版		机工教育服务网：www.cmpedu.com	

前 言

当前，随着新一轮科技革命和产业变革的深入进行，许多国家相继提出了机器人发展战略。美国发布了《机器人技术路线图：从互联网到机器人》，欧盟启动了 SPARC 机器人重大项目，日本发布了《机器人新战略》；我国也高度重视机器人产业发展，将机器人列为制造强国战略的重点支撑领域。通过不断培育和支持，我国机器人产业进入高速增长期。2019 年 11 月，我国工业机器人当月产量达 16080 台，同比增长 4.3%。当前，我国制造业产业结构转型升级、劳动力成本持续增长及劳动力结构性短缺等因素，都成为工业机器人产业发展的动力。

"工业机器人操作与编程"是工业机器人技术、机电一体化技术等专业开设的专业课程，是通过分析企业对岗位的需求而开设的课程，其目标是直接面向企业培养学生的工作能力。由于工业机器人技术专业是近几年刚刚兴起的专业，与之配套的教材体系尚不健全，且面向高职院校的教材存在本科教材翻版等问题，不利于教学；许多教材存在理论内容太多，不利于能力培养；项目过于简单，缺乏复杂工程应用等问题。

本书在遵循高职高专教育教学规律的基础上，突出项目化教学。编写理念是：以能力为本位，以市场需求为导向，遵循职业教育新理念，以岗位工作综合能力培养为核心，注重各种能力训练之间的衔接和互补。全书内容通俗易懂，概念清楚；知识结构合理，重点突出；深入浅出，图文并茂。

本书由南京机电职业技术学院、浙江机电职业技术学院、金华市技师学院、北京市汽车技师学院和南京旭上数控技术有限公司联合编写，南京机电职业技术学院叶泉和朱红娟、浙江机电职业技术学院孟庆波任主编。本书编写分工如下：叶泉编写项目三、项目四、项目五，朱红娟编写项目二中的任务五和项目六，孟庆波编写项目一中任务一的相关知识部分，南京机电职业技术学院许璐编写项目一中任务一的任务拓展和思考与练习部分，及其任务二的相关知识、任务拓展和思考与练习部分，金华市技师学院黄清锋编写项目二中的任务二，金华市技师学院吴浙栋编写项目二中的任务三，北京市汽车技师学院孙建军编写项目二中的任务四，南京旭上数控技术有限公司巢勤奋工程师编写项目一中任务一的任务实施部分，南京旭上数控技术有限公司窦祥星工程师编写项目一中任务二的任务实施部分，江苏省特种设备安全监督检验研究院王建华工程师编写项目二中的任务一。全书最后由叶泉、朱红娟、孟庆波统稿。

在编写过程中，本书吸收了南京旭上数控技术有限公司潘毅和程伟国工程师、上海羽图智能科技有限公司张超工程师、中船重工鹏力（南京）智能装备系统有限公司吴成刚工程师等的许多建议和素材，在此一并表示感谢！

由于编者水平有限，书中的错误和疏漏之处在所难免，恳请广大读者批评指正。可将宝贵意见发送至 qingshi104@qq.com。

编　者

二维码清单

名　称	二维码	名　称	二维码
认识示教器		机器人画图轨迹示教	
机器人操作环境的基本配置		机器人偏移轨迹示教	
机器人操作环境的基本配置1		I/O 通信的设置	
机器人操作环境的基本配置2		使用吸盘搬运工件	
机器人三种动作模式的基本点动		夹爪抓取工件	
机器人工具坐标系示教		抓取和放置吸盘工具	
机器人工件坐标系示教		抓取和放置吸盘工具	

（续）

名　称	二维码	名　称	二维码
循环搬运程序的编制		中断搬运程序的编制	
循环搬运程序的编制		自动模式运行程序	
中断搬运程序的编制			

目 录

项目一

工业机器人工作站的基本介绍

知识目标

1. 熟悉工业机器人的系统结构。
2. 熟悉工业机器人常见工作站硬件的组成与特点。
3. 熟悉工业机器人教学工作站控制系统的组成。
4. 掌握工业机器人教学工作站的电气及气动元器件的结构与特点。

技能目标

1. 能够根据工业机器人教学工作站布置图，找出工作站对应的设备，并写出其名称与特点。
2. 能够根据工作站主电路原理图进行起动、停止等按钮的基本接线。

任务一 认识工作站硬件系统

一、相关知识

（一）认识工业机器人

1. 机器人的产生及定义

自从 1959 年世界上第一台工业机器人 Unimate（图 1-1）出现以来，机器人这一领域发展迅速。机器人一般可理解为一种可编程的、通过自动控制去完成某些操作和移动作业的机器。目前，国际上对机器人的定义主要有以下几种：

1）国际标准化组织（ISO）的定义：机器人是一种"自动的、位置可控的、具有编程能力的多功能机械手，这种机械手具有几

图 1-1 Unimate 工业机器人

个轴，能够借助可编程序操作来处理各种材料、零件、工具和专用装置，执行各种任务"。

2）日本机器人协会（JRA）的定义：工业机器人是一种"能够执行人体上肢（手和臂）类似动作的多功能机器"；智能机器人是一种"具有感觉和识别能力，并能够控制自身行为的机器"。

3）美国国家标准与技术研究院（NIST）的定义：机器人是一种"能够进行编程，并在自动控制下执行某些操作和移动作业任务的机械装置"。

4）美国工业机器人协会（RIA）的定义：机器人是一种"用于移动各种材料、零件、工具或专用装置的，通过可编程的动作来执行各种任务的，具有编程能力的多功能机械手"。

2. 工业机器人的结构

工业机器人是一种能自动控制、可重复编程、多功能、多自由度的操作机，用于搬运材料、工件或操持工具完成各种作业。工业机器人可以是固定式的，也可以是移动式的。工业机器人一般由机器人本体、控制装置和驱动单元三部分构成。

机器人本体又被称为操作机，是机器人的执行机构，主要包括机械结构零件及安装在本体上的伺服电动机、编码器和传感器等。机器人本体一般由关节和连杆连接而成。以常用的 6 轴工业机器人为例，其本体的典型结构如图 1-2 所示，主要组成部件包括手部、腕部、上臂、下臂、腰部和基座等。机器人本体运动主要包括手部扭曲运动、腕部弯曲运动、上臂回旋运动、上臂摆动运动、下臂摆动运动和腰部左右回转运动。

广义上的工业机器人一般是指包括机器人本体及机器人进行作业所要求的外围设备的工业机器人系统。图 1-3 所示为小型机器人工作站。

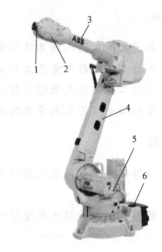

图 1-2　6 轴工业机器人本体的典型结构
1—手部　2—腕部　3—上臂　4—下臂
5—腰部　6—基座

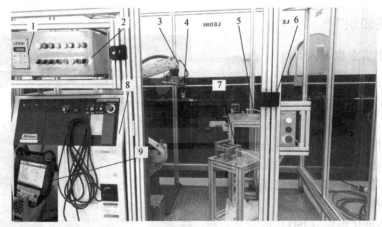

图 1-3　小型机器人工作站
1—TCP 自动校准系统　2—操作面板　3—机器人本体　4—末端执行器　5—工作台及传感器
6—安全门　7—工件　8—控制柜　9—示教器

3. 工业机器人的主要技术参数

根据机器人的结构、用途和要求不同，机器人的主要技术参数也各有不同。按照国家标准 GB/T 12642—2013 的规定，工业机器人的性能规范包括位姿特性、距离准确度、重复性、轨迹特性、最小定位时间、静态柔顺性和面向应用的特殊性能规范。表 1-1 列出了各种 ABB 关节型机器人的主要技术参数。机器人样本和说明书一般给出的主要技术参数有轴数、负载能力、手臂负载、工作范围、重复定位精度及各个轴的运动参数等，此外，还有安装方式、防护等级、控制器类型、电气连接和机器人物理参数等其他参数。图 1-4 所示为 ABB IRB 2600 机器人数据表，该表提供了 ABB IRB 2600 机器人的主要技术参数。

表 1-1　ABB 各种关节型机器人的主要技术参数

机器人型号	负载能力 /kg	工作范围 /m	重复定位精度 /mm	安装方式	防护	轴数	控制器类型
IRB 1100	4 4	0.475 0.58	0.01	任意角度	标配：IP40 选配：4级洁净室（Clean Room ISO 4），IP67	6	OmniCore™
IRB 120	3	0.58	0.01	任意角度	标配：IP30 选配：5级洁净室（Clean Room ISO 5）食品级别	6	IRC5
IRB 1200	5 7	0.90 0.70	0.02 0.025	任意角度	标配：IP40 选配：铸造专家Ⅱ代防护级别（Foundry Plus 2），IP67，3级洁净室（Clean Room ISO 3），食品级别	6	IRC5
IRB 140 IRB 140T	6	0.8	0.03	落地、壁挂、倒装、斜置	标配：IP67 选配：铸造专家Ⅱ代防护级别（Foundry Plus 2），6级洁净室（Clean Room ISO 6），可冲洗	6	IRC5
IRB 1410	5	1.44	0.02	落地		6	IRC5
IRB 1520ID	4	1.5	0.05	落地、倒装	标配：IP40	6	IRC5
IRB 1600	6 10	1.20/1.45	0.02～0.05	落地、壁挂、支架、斜置、倒装	标配：IP54 选配：铸造专家Ⅱ代防护级别（Foundry Plus 2），IP67	6	IRC5
IRB 1660ID	4 6	1.55	0.02	落地、壁挂、倒装、斜置	标配：IP40	6	IRC5
IRB 2400	12 20	1.55	0.03	落地、倒装	标配：IP54 选配：铸造专家Ⅱ代防护级别（Foundry Plus 2），IP67	6	IRC5
IRB 2600	12/12 20	1.65/1.85 1.65	0.04	落地、壁挂、支架、斜置、倒装	标配：IP67，IP54（axis 4） 选配：铸造专家Ⅱ代防护级别（Foundry Plus 2）	6	IRC5

（续）

机器人型号	负载能力 /kg	工作范围 /m	重复定位精度 /mm	安装方式	防护	轴数	控制器 类型
IRB 2600ID	15 8	1.85 2.00	0.02~0.03	落地、壁挂、支架、斜置、倒装	标配:标准 IP67(底座和下臂),IP54(上臂)	6	IRC5
IRB 4400 IRB 4400L	60 10	1.96 2.55	0.06 0.05	落地	标配:IP54 选配:IP67,铸造专家II代防护级别(Foundry Plus 2)	6	IRC5
IRB 460	110	2.4	0.2	落地	标配:IP67	4	IRC5
IRB 4600	20/40/ 45/60	2.5/2.55/ 2.05/2.05	0.05~0.06	落地、支架、斜置、倒装	标配:IP67 选配:铸造专家II代防护级别(Foundry Plus 2)	6	IRC5
IRB 660	180 250	3.15	0.05	落地	标配:IP67	4	IRC5
IRB 6620	150	2.2	0.05	落地、斜置、倒装	标配:IP54 选配:铸造专家II代防护级别(Foundry Plus 2),IP67	6	IRC5
IRB 6620LX	150	1.9	0.05	倒装	标配:IP54 选配:铸造专家II代防护级别(Foundry Plus 2),IP67	6	IRC5
IRB 6650S	90 125 200	3.90 3.50* 3.00*	0.15	支架	标配:IP67 选配:铸造专家II代防护级别(Foundry Plus 2),高压冲洗	6	IRC5
IRB 6660	100 130 205	3.30 3.10 1.90	0.10~0.15	落地	标配:IP67 选配:铸造专家II代防护级别(Foundry Plus 2)	6	IRC5
RB 6700	150/155/175 200/205/235 245/300	3.20/2.85/3.05 2.60/2.80/2.65 3.00/2.70	0.05~0.10	落地	标配:IP67 选配:铸造专家II代防护级别(Foundry Plus 2)	6	IRC5
IRB 6700INV	245 300	2.90 2.60	0.10 0.05	倒装	标配:IP67 选配:铸造专家II代防护级别(Foundry Plus 2)	6	IRC5
IRB 6790	205 235	2.80 2.65	0.05	落地	标配:IP69 选配:铸造专家III代防护级别(Foundry Prime 3)	6	IRC5
IRB 760	450	3.18	0.05	落地	标配:IP67	4	IRC5
IRB 7600	150/325/ 340/400/ 500	3.50/3.10*/ 2.80*/2.55*/ 2.55	0.10~0.30	落地	标配:IP67 选配:铸造专家II代防护级别(Foundry Plus 2)	6	IRC5
IRB 8700	550 800	4.20 3.50	0.05~0.10	落地	标配:IP67 选配:铸造专家II代防护级别(Foundry Plus 2)	6	IRC5

特性

机器人型号（IRB）	工作范围/m	负载能力kg	手臂负载/N·m 轴4和轴5	轴6
IRB 2600-20/1.65	1.65	20	36.3	16.7
IRB 2600-12/1.65	1.65	12	21.8	10
IRB 2600-12/1.85	1.85	12	21.8	10

轴数	6轴+3外轴（配备 MultiMove 功能最多可达36轴）
防护	标配 IP67；可选配铸造专家Ⅱ代
安装方式	落地、壁挂、支架、斜置、倒装
控制器类型	IRC5 单柜型、IRC5 双柜型

性能（根据 ISO 9283:1998）

	重复定位精度	重复路径精度
IRB 2600-20/1.65	0.04mm	0.13mm
IRB 2600-12/1.65	0.04mm	0.14mm
IRB 2600-12/1.85	0.04mm	0.16mm

技术信息

电气连接

电源电压	200~600V,50/60Hz
功耗	3.4kW

物理参数

机器人底座大小	676mm×511mm

机器人高度

IRB 2600-20/1.65	1382mm
IRB 2600-12/1.65	1382mm
IRB 2600-12/1.85	1582mm

机器人质量

IRB 2600-20/1.65	272kg
IRB 2600-12/1.65	272kg
IRB 2600-12/1.85	284kg

环境参数

机械装置环境温度

操作期间	+5℃（41℉）~+50℃（122℉）
运输和仓储中（最长24h）	-25℃*（-13℉）~55℃（131℉）
短期（最长24h）	最高+70℃（158℉）
相对湿度	恒温最高95%
噪声水平	最大69dB（A）
安全性	双回路监测，紧急停机,安全功能,3位启动装置
辐射	EMC/EMI 屏蔽
选配	铸造专家Ⅱ代

运动

轴运动	工作范围	轴最大速度
轴1旋转	+180°~-180°	175°/s
轴2手臂	+155°~-95°	175°/s
轴3手臂	+75°~-180°	175°/s
轴4旋转	+400°~-400° 最大转数:+251~-251	360°/s
轴5弯曲	+120°~-120°	360°/s
轴6翻转	+400°~-400° 最大转数:+251~-251	500°/s

提供监控功能,可防止设备因剧烈和频繁运动而产生过热。

IRB 2600-20/1.65,IRB 2600-12/1.65工作范围图例

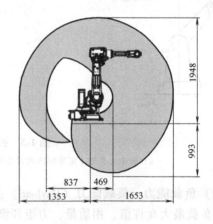

IRB 2600-12/1.85工作范围图例

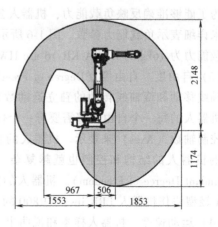

图1-4　ABB IRB 2600 机器人数据表

（1）工作范围　工作范围（Working Range）又称为作业空间，它是指机器人在未安装末端执行器时，其手腕参考点能在空间活动的最大范围。工作范围需要剔除机器人运动过程中可能产生干涉的区域和奇点。在实际使用时，还需要考虑安装末端执行器后可能产生的干涉。

奇点（Singularity）又称为奇异点，是由于采用逆运动学计算机机位时，使正常工作范围内的某些位置存在多种实现的可能，从而导致机器人运动状态和速度不可预测的点。一般来说，机械臂有两类奇异点：臂奇异点和腕奇异点。臂奇异点在腕中心（轴 4、轴 5 和轴 6 的交点）并位于轴 1 上的位置，如图 1-5a 所示。腕奇异点是指轴 4 和轴 6 处于同一条线上（即轴 5 的角度为 0°）的位置，如图 1-5b 所示。

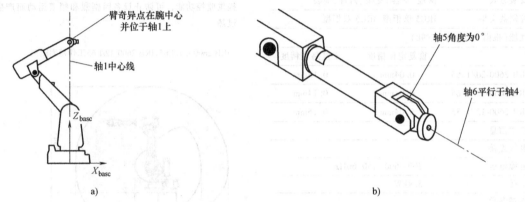

图 1-5　机械臂、腕奇异点

a）腕中心和轴 1 汇集时出现臂奇异点　b）轴 5 的角度为 0°时出现腕奇异点

（2）负载能力　负载能力（Payload）是指机器人在规定的性能范围内，机械接口处能承受的负载最大允许值，用质量、力矩和惯性矩来表示。负载能力主要考虑机器人各运动轴上的受力和力矩，包括手部的质量、抓取工件的质量以及由运动速度变化而产生的惯性力、惯性力矩。

为了能够准确反映负载能力，机器人公司通过机器人负载能力随负载重心位置变化的负载图来详细表示负载能力参数。图 1-6 所示为负载能力为 3kg 的 ABB IRB 120 机器人负载图和负载能力为 16kg 的 KUKA KR 16 arc HW 机器人负载图。

（3）自由度　自由度（Degree of Freedom）是表示机器人动作灵活性的重要参数，一般以沿轴线移动和绕轴线转动的独立运动数来表示，但不包括末端执行器本身的运动。原则上，机器人的每一个自由度都需要有一个伺服轴进行驱动，因此在产品样本和说明书中，通常以控制轴数（Axes）来表示。机器人的自由度越多，其末端工具的动作也就越灵活，但相应的机器人的结构和控制也就越复杂。一般把超过 6 个的多余自由度称为冗余自由度（Redundant Degree of Freedom）。机器人的冗余自由度一般用来回避障碍物。图 1-7 所示的 KUKA 轻型协作机器人 LBR iiwa 7 R800 的本体轴达到了 7 轴。

（4）运动速度　机器人样本和说明书中提供的运动速度一般是指机器人在额定负载下运动时所能达到的最大运动速度。表 1-2 所列为 ABB IRB 120 机器人的运动速度，表 1-3 所列为 KUKA KR6 机器人的运动速度。而程序中通常定义以下速度：工具中心点移动时的速度、工具的重新定位速度以及线性或旋转外部轴移动时的速度。

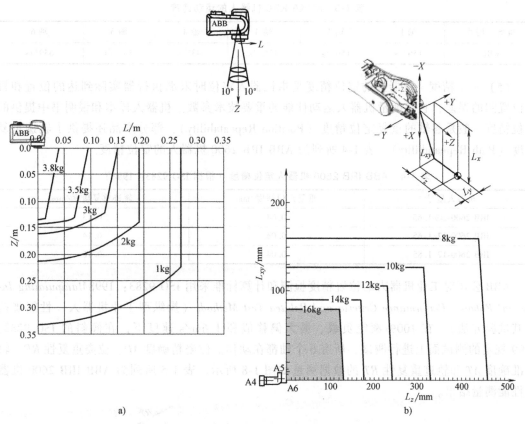

图 1-6　机器人负载图

a）ABB IRB 120 机器人负载图　b）KUKA KR 16 arc HW 机器人负载图

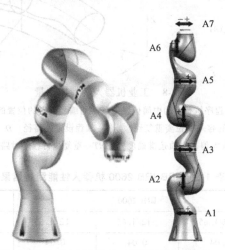

图 1-7　LBR iiwa 7 R800 机器人轴数

表 1-2　ABB IRB 120 机器人的运动速度

机器人型号	轴 1	轴 2	轴 3	轴 4	轴 5	轴 6
IRB 120-3/0.6	250°/s	250°/s	250°/s	320°/s	320°/s	420°/s

表1-3 KUKA KR6 机器人的运动速度

机器人型号	轴1	轴2	轴3	轴4	轴5	轴6
KR6	156°/s	156°/s	156°/s	343°/s	362°/s	659°/s

（5）定位精度 机器人的定位精度是指机器人定位时末端执行器实际到达的位置和目标位置间的误差，它是衡量机器人运动性能的重要技术参数。机器人样本和说明书中提供的定位精度一般是各轴的重复定位精度（Position Repeatability），部分产品还提供了轨迹重复精度（Path Repeatability）。表1-4所列为 ABB IRB 2600 机器人的定位精度。

表1-4 ABB IRB 2600 机器人定位精度（根据 ISO 9283：1998）

机器人型号	重复定位精度/mm	轨迹重复精度/mm
IRB 2600-20/1.65	0.04	0.13
IRB 2600-12/1.65	0.04	0.14
IRB 2600-12/1.85	0.04	0.16

ABB 公司对工业机器人的位置精度检测和计算标准采用 ISO 9283：1998 *Manipulating Industrial Robots—Performance Criteria and Related Test Methods*（操纵型工业机器人 性能规范及其试验方法）。在100%额定负载、最大偏移值和1.6m/s速度下，在倾斜的 ISO 9283：1999 规定的测试面上进行测试，所有6个轴都在动作。位姿精确度 AP、位姿重复性 RP、轨迹准确度 AT 和轨迹重复性 RT 的数据测量如图1-8所示。表1-5所列为 ABB IRB 2600 机器人性能测量结果。

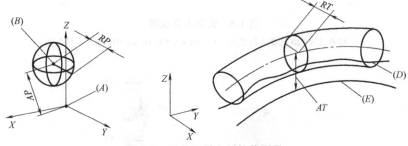

图1-8 工业机器人的性能测量

A—编程设定的位置 B—程序执行时的中间位置 AP—与编程设定的位置的平均距离（位姿精确度）
RP—重复定位时位置 B 的容差（位姿重复性） E—编程设定的路径 D—程序执行时的实际路径
AT—从 E 到平均路径的最大偏差（轨迹准确度） RT—重复执行程序时路径的容差（轨迹重复性）

表1-5 ABB IRB 2600 机器人性能测量结果

描述	IRB 2600			IRB 2600ID	
	−20/1.65	−12/1.65	−12/1.85	−15/1.85	−8/2
位姿重复性 RP/mm	0.04	0.04	0.04	0.026	0.023
位姿精确度 AP/mm	0.03	0.03	0.03	0.014	0.033
轨迹重复性 RT/mm	0.13	0.14	0.16	0.3	0.27
轨迹准确度 AT/mm	0.55	0.6	0.68	0.8	0.7
位姿稳定时间 t/s 在该位置的 0.2mm 范围内	0	0.02	0.03	0.05	0.063

4. 工业机器人的分类

（1）**按照控制方式分类**　工业机器人可分为伺服控制机器人（Servo-Controlled Robot）、非伺服控制机器人（NonServo-Controlled Robot）、连续路径控制机器人（Continuous Path Controlled Robot）和点位控制机器人（Point to Point Controlled Robot）。

伺服控制机器人是通过伺服机构进行控制的机器人，是一个反馈控制系统。伺服机构有位置伺服、力伺服和软件伺服等。非伺服控制机器人是按照预先编好的程序顺序进行工作，使用限位开关、制动器、插销板和定序器来控制机器人的运动。连续路径控制机器人不仅要控制行程的起点和终点，还要控制过程路径。点位控制机器人的受控运动方式为从一个点位目标移向另一个点位目标，其过程路径不受控制。

（2）**按照动作机构分类**　工业机器人可分为直角坐标机器人（Cartesian Coordinate Robot）、圆柱坐标机器人（Cylindrical Coordinate Robot）、球（极）坐标机器人（Polar Coordinate Robot）和关节型机器人（Articulated Robot）等，如图1-9所示。

直角坐标机器人是具有三个直线运动关节，并按直角坐标形式动作的机器人。圆柱坐标机器人是具有一个旋转运动关节和两个直线运动关节，并按圆柱坐标形式动作的机器人。球（极）坐标机器人是具有两个旋转运动关节和一个直线运动关节，并按球（极）坐标形式动作的机器人。关节型机器人是具有三个旋转运动关节，并能进行类似人的上肢关节动作的机器人。

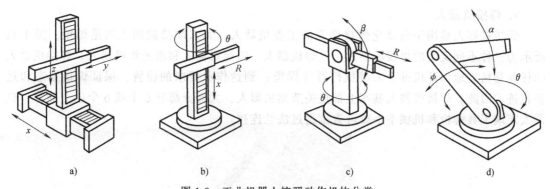

图1-9　工业机器人按照动作机构分类

a）直角坐标机器人　b）圆柱坐标机器人　c）球（极）坐标机器人　d）关节型机器人

（3）**按照完成工业生产中的某些应用分类**　工业机器人可分为焊接机器人、装配机器人、喷涂机器人、搬运机器人、上下料机器人及码垛机器人等。

焊接机器人是到现在为止应用最广泛的工业机器人，包括点焊机器人、弧焊机器人及激光焊机器人，用于实现自动化焊接作业。装配机器人较多地用于电子部件或电气元器件的装配。喷涂机器人可代替人进行各种喷涂作业。搬运机器人、上下料机器人及码垛机器人可根据工况要求的速度和精度，将物品从一处运到另一处。

（二）认识工业机器人焊接工作站

工业机器人工作站是指以一台或多台机器人为主，配以相应的周边工艺和辅助设备，如焊接电源、变位机、输送机和工装夹具等，或协同人工的辅助操作一起完成相对独立作业的设备组合。

工业机器人焊接工作站根据焊接对象性质及焊接工艺要求，利用工业机器人完成焊接过程。工业机器人焊接工作站除了工业机器人外，还包括焊接设备和变位机等各种焊接附属装置，如图1-10所示。按照应用分类，焊接工作站主要分为点焊工作站、弧焊工作站和激光焊工作站。

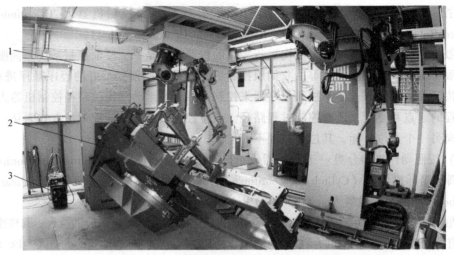

图1-10　工业机器人焊接工作站整体布置图
1—机器人　2—变位机　3—焊接电源

1. 焊接机器人

焊接机器人是用于自动化焊接作业的工业机器人，其末端持握的工具是焊枪。图1-11所示为三种不同类型的焊接机器人：点焊机器人、弧焊机器人和激光焊机器人。焊接机器人的任务是精确地保证机械手末端执行器（焊枪）到达作业要求的位置，保证焊接姿态和运动轨迹，因此，焊接机器人基本上都是关节型机器人，大部分都有6个或6个以上的轴。机器人末端工具焊枪和机械手手臂可直接通过法兰连接。

a)

图1-11　焊接机器人
a) 点焊机器人

b)　　　　　　　　　　　　　　　　　　c)

图 1-11　焊接机器人（续）

b）弧焊机器人　c）激光焊机器人

焊接机器人在汽车制造业、工程机械制造业中的应用比较普遍，如图 1-12 所示。

a)　　　　　　　　　　　　　　　　　　b)

图 1-12　焊接机器人的应用

a）车架焊接　b）支座焊接

2. 焊接系统

焊接系统是完成焊接作业的核心装备，主要由焊接电源、送丝机、焊枪和气瓶等组成，如图 1-13 所示。机器人控制柜信号大部分为数字量，而焊接电源的信号多为模拟量，往往需要在焊接电源与控制柜之间设置相应的接口，大部分主流焊接电源都能很好地与机器人控制柜匹配。

3. 焊接辅助装置

目前，常见的焊接辅助装置有变位机、导轨系统、清枪装置和工具快换装置等。

（1）变位机　由于焊接工艺的要求，对于某些复杂的工件，仅使用焊接机器人的本体轴无法使末端工具到达指定的焊接位置或姿态，此时可以通过增加外部轴的方法来增加操纵

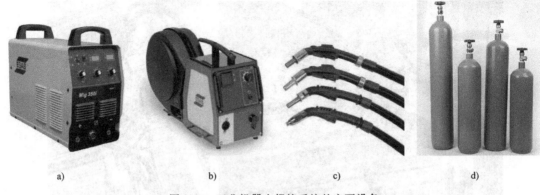

图 1-13　工业机器人焊接系统的主要设备
a）焊接电源　b）送丝机　c）焊枪　d）气瓶

系统的自由度。而变位机可以帮助工件移动或转动，使工件上的待焊部位进入机器人的作业空间。常见的焊接变位机如图 1-14 所示。

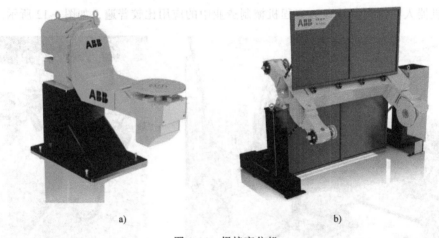

图 1-14　焊接变位机
a）两自由度变位机　b）双工位变位机

双工位变位机中的一台进行焊接作业时，另一台可同时进行工件的装卸，使工位效率提升，而机械挡屏可以隔离弧光，保护作业人员。

（2）导轨系统　导轨系统能极大地延伸机器人的工作范围，以扩大机器人本体的作业空间，如图 1-15 所示。

（3）清枪装置　点焊焊枪在施焊过程中焊钳电极头会氧化磨损，弧焊焊枪喷嘴内外残留的焊渣以及焊丝长度变化等都会影响工件的焊接质量，因此，在焊接过程中常常需要使用清枪装置定期清除焊渣和修剪焊丝长度。图 1-16 所示为焊接机器人的清枪装置。

（三）认识工业机器人装配工作站

装配在现代工业生产中占有十分重要的地位。由于机器人的触觉和视觉系统的不断改善，目前很多行业已经逐步开始使用机器人装配复杂部件。使用机器人来实现自动化装配作业是现代化生产的必然趋势。

图 1-15 工业机器人的导轨系统

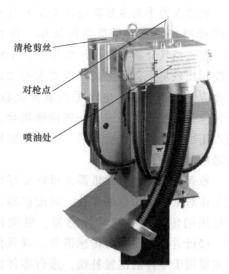

清枪剪丝

对枪点

喷油处

图 1-16 焊接机器人的清枪装置

工业机器人装配工作站由装配机器人、PLC（可编程控制器）控制柜、输送线和成品立体仓库等组成，如图 1-17 所示。

图 1-17 工业机器人装配工作站

1. 装配机器人

装配机器人是工业生产中在装配生产线上对零件或部件进行装配的工业机器人，它是集光学、机械、微电子、自动控制和通信技术于一体的机电一体化产品。

装配机器人由机器人本体、驱动系统和控制系统三个基本部分组成。机器人本体即机座和执行机构，包括臂部、腕部和手部。大多数装配机器人有 3~6 个自由度，其中腕部通常有 1~3 个自由度。驱动系统包括动力装置和传动机构，用于使执行机构产生相应的动作。控制系统按照输入的程序对驱动系统和执行机构发出指令信号并进行控制。

水平多关节型机器人是装配机器人的典型代表。它共有 4 个自由度：两个关节的回转、上下移动及手腕的转动，如图 1-18 所示。

机器人的手爪主要有电动手爪和气动手爪两种型式。气动手爪结构简单，价格便宜，由于空气介质具有可压缩性，使爪钳位置控制比较复杂，因而在一些要求不太高的场合应用得比较多。电动手爪造价比较高，开合位置可控，主要用在一些特殊场合。机器人还可装配各种快换工具，以增加机器人的通用性。

带有传感器的装配机器人可以更好地适应工作对象进行相应的作业。装配机器人经常使用的传感器有视觉传感器、触觉传感器、接近觉传感器和力传感器等。视觉传感器主要用于零件的位置补偿，进行零件的判

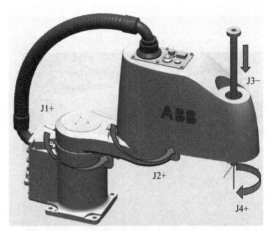

图 1-18　水平多关节型机器人

别、确认等。触觉和接近觉传感器一般固定在指端，用于零件的位置补偿、防止干涉等。力传感器一般装在腕部，用来检测腕部受力情况，一般在精密装配或去飞边等需要力控制的作业中使用。

2. PLC 控制柜

PLC 控制柜中安装有断路器、PLC 设备、开关电源、中间继电器和变压器等电气元器件，如图 1-19 所示。其中，PLC 是机器人装配工作站的控制核心。装配机器人工作站的启动和停止、输送线的运行等都是由 PLC 实现的。

图 1-19　PLC 控制柜内部图

3. 装配机器人的周边设备

机器人进行装配作业时，除机器人本体、手爪和传感器外，零件供给装置和装配输送装置也非常重要。周边设备常用可编程控制器控制。此外，一般还要有台架和安全栏等设备。

（1）零件供给装置　零件供给装置主要有给料器和托盘等。

1）给料器：用振动或回转机构把零件排齐，并逐个送到指定位置。

2）托盘：大零件或者容易磕碰划伤的零件加工完毕，一般应放在称为托盘的容器中运输。托盘能按一定精度要求把零件放在设定的位置，然后再由机器人将零件逐个取出。

（2）装配输送装置 机器人装配输送装置的功能是把零件搬运到各作业地点，以便机器人进行装配和分拣，如图 1-20 所示。

装配输送装置中以传送带居多。输送装置需要解决的技术问题是停止位置精度、停止时的冲击和减速振动。减速器可用来吸收冲击能。

二、任务实施

（一）作业前的准备

1）清理工作台表面。

2）安全确认。

（二）认识工作站硬件系统组成

本工业机器人教学工作站（图 1-21）由南京旭上数控技术有限公司设计和制作，依据不同岗位及应用场景设计了多个实训模块。工作站主要包括 ABB 工业机器人模块、基础教学功能组、上下料及装配单元、输送线单元、控制台单元等部分。

1. 工业机器人模块

工业机器人模块由机器人本体、控制系统和示教器组成，如图 1-22 所示。本工作站采用 ABB IRB 120 工业机器人，其技术参数见表 1-6。

2. 基础教学功能组

基础教学功能组主要由基础轨迹训练单元、零件搬运与码垛单元、图文轨迹训练单元、机器人多功能工具组和检测排列单元组成，如图 1-23 所示。

（1）零件搬运与码垛单元 零件搬运与码垛单元主要用于学习零件搬运、垛码的控制方式、末端执行机构信号的控制方法以及零件码垛取放的编程技巧，如图 1-24 所示。

（2）基础轨迹训练单元 基础轨迹训练单元以工业机器人雕刻为原型，以常见的几何图形轨迹为示教编程目标，主要用于学习运动指令的编程方式和程序点的定位方法，如图 1-25 所示。

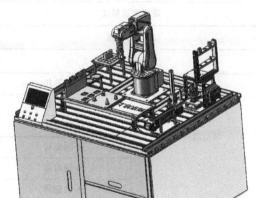

图 1-20 装配输送装置

图 1-21 工业机器人教学工作站

a)   b)   c)

图 1-22　工业机器人模块

a）示教器　b）控制系统　c）ABB IRB 120 机器人本体

表 1-6　ABB IRB 120 工业机器人技术参数表

型号		ABB IRB 120
负载能力		3kg
工作范围		580mm
轴数		6 轴
重复定位精度		±0.01mm
集成信号源		手腕设 10 路信号
集成气源		手腕设 4 路空气,最高为 0.5MPa
轴运动特性	J1 轴旋转	工作范围:+165°~-165°;最大速度:250°/s
	J2 轴旋转	工作范围:+110°~-110°;最大速度:250°/s
	J3 轴旋转	工作范围:+70°~-90°;最大速度:250°/s
	J4 轴旋转	工作范围:+160°~-160°;最大速度:320°/s
	J5 轴弯曲	工作范围:+120°~-120°;最大速度:320°/s
	J6 轴翻转	工作范围:+400°~-400°;最大速度:420°/s
总高		700mm
本体底座		180mm×180mm
运行环境温度		5~45℃
安装条件		任意角度
防护等级		IP30
本体质量		25kg
电源电压		200~600V,50/60Hz
变压器额定功率		3kVA
功耗		0.25kW

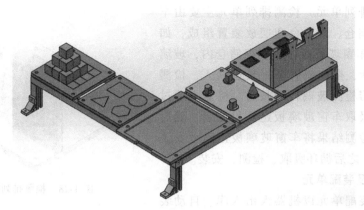

图 1-23　基础教学功能组

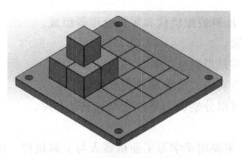

图 1-24　零件搬运与码垛单元

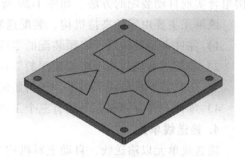

图 1-25　基础轨迹训练单元

（3）图文轨迹训练单元　图文轨迹训练单元可通过离线编程手段实现写字、绘画等功能，可提高学生的学习兴趣和创新能力，如图 1-26 所示。

（4）机器人多功能工具组　机器人多功能工具组由绘图画笔工具、轨迹画针工具、真空吸盘工具及工具中心点（TCP）标定工具组成，如图 1-27 所示。

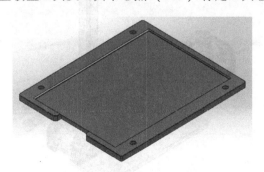

图 1-26　图文轨迹训练单元

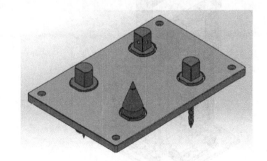

图 1-27　机器人多功能工具组

1）绘图画笔工具：可装入笔芯（铅笔、圆珠笔）进行图形、文字的绘制，用于图文轨迹训练单元。

2）轨迹画针工具：用于按照给定的曲线进行描图，满足教学多样性及自主选择性。

3）真空吸盘工具：用于物料吸取，满足玻璃板（圆形、方形、五边形、六边形）、物料块和球形物料等多种物料的吸取，做到多个任务共用一个夹具。

（5）检测排列单元　检测排列单元主要由车窗玻璃板、存储仓、检测台和摆放装置组成，如图1-28所示。车窗玻璃板存放在存储仓内，玻璃板采用梯形设计，摆放装置采用长边插入，检测台由光纤传感器检测玻璃板的长边。机器人通过真空吸盘工具吸取车窗玻璃板送到检测台，然后根据检测台的检测结果将车窗玻璃板正确地安装到摆放装置中，之后循环吸取、检测、安装。

图1-28　检测排列单元

3. 上下料及装配单元

上下料及装配单元以机器人出入库、自动装配为原型，主要用于学习工业机器人与立体仓库组合实现自动出入库、工业机器人与装配机构组合实现自动装配的方法，如图1-29所示。

该单元主要由零件夹持机构、装配送料机构、压料装配机构和零件仓库等组成。

1）零件夹持机构用于将预装配的零件母料夹紧。

2）装配送料机构用于将预装配的零件子料和零件母料从上料位移送至装配位。

3）压料装配机构用于将零件子料装配进零件母料中，实现零件装配功能。

4）零件仓库有两层，每层有三个工位，两层可以分别设为零件仓库和成品仓库。

4. 输送线单元

输送线单元以输送线、自动上料机构为原型，主要用于学习工业机器人与上料机构、输送线之间的组合应用技能。该单元主要由料仓机构、隔料挡料机构、物流输送机构和检测机构等组成，如图1-30所示。

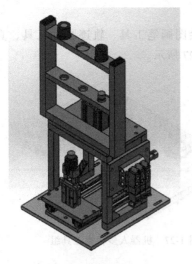

图1-29　上下料及装配单元

图1-30　输送线单元

1）料仓机构用于存储用于装配的零件子料。

2）隔料挡料机构用于将零件子料有序及可控地放到下端的物料输送机构上。

3）物料输送机构用于将零件子料输送至左侧末端的零件抓取位，等待后续动作。

4）检测机构用于检测料仓机构中是否还有零件子料及物料输送机构末端的零件抓取位

是否有待抓取的零件子料。

三、任务拓展

完成常规基础教学功能组的拆装。

四、思考与练习

1. 什么是工业机器人工作站？
2. 工业机器人焊接工作站的组成有哪些？
3. 工业机器人装配工作站的组成有哪些？
4. 变位机的主要用途是什么？

任务二　认识工作站控制系统

一、相关知识

（一）电气元器件介绍

1. 触摸屏

在工作站控制系统中，触摸屏的主要作用就是启动演示程序，同时监控机器人运行状态和PLC运行状态。本系统采用的触摸屏为昆仑通态TPC7062Ti，如图 1-31 所示。

TPC7062Ti 是一套以先进的 Cortex-A8 CPU（中央处理器）为核心（主频为 600MHz）的高性能嵌入式一体化触摸屏。该产品采用了 7in 高亮度 TFT（玻璃基板技术）液晶显示屏（分辨率为 800×480 像素）。该触摸屏同时还预装了 MCGS（监视与控制通用系统）嵌入式组态软件（运行版），具备强大的图像显示和数据处理功能。

TPC7062Ti 技术参数见表 1-7。

图 1-31　系统触摸屏

2. PLC

机器人工作站采用的 PLC 为 SIMATIC S7-1200 系列，如图 1-32 所示。SIMATIC S7-1200设计紧凑、组态灵活且具有功能强大的指令集，可完成简单逻辑控制、高级逻辑控制、人机交互和网络通信等任务。

CPU 是将微处理器、集成电源、输入和输出电路、内置 PROFINET、高速运动控制 I/O及板载模拟量输入组合到一个设计紧凑的外壳中形成的功能强大的控制器。在下载用户程序后，CPU 将包含监控应用中的设备所需的逻辑。CPU 可以在线根据用户程序逻辑监视输入并更改输出，用户程序可以包含布尔逻辑、计数、定时、复杂数学运算、运动控制及与其他智能设备的通信。内置的 PROFINET 端口用于网络通信。CPU 还可使用附加通信模块通过PROFIBUS、GPRS、RS485、RS232、RS422、IEC、DNP3 和 WDC（宽带数据通信）网络进行通信。SIMATIC S7-1200 系列还提供了各种模块和插入式板，用于通过附加 I/O 或其他通信协议来扩展 CPU 的功能。

表 1-7　TPC7062Ti 技术参数

名称	参数	名称	参数
液晶屏	7inTFT	串行接口	COM1、COM2(可扩展 COM3、COM4)
背光灯	LED(发光二极管)	USB 接口	1 主 1 从
显示颜色	65535 真彩	以太网口	10/100Mbit/s 自适应
分辨率	800×480 像素	存储温度	−10~60℃
显示亮度	200cd/m²	工作温度	0~45℃
触摸屏	电阻式	工作湿度	5%~90%
额定电压	DC 24V(1±20%)	机壳材料	工业塑料
额定功率	5W	面板尺寸	226.5mm×163mm
处理器	Cortex-A8,600MHz	机柜开孔	215mm×152mm
内存	128MB	产品认证	CE/FCC
系统存储	128MB	防护等级	IP65(前面板)
组态软件	MCGS 嵌入版	电磁兼容	工业三级

1) 信号模块：最大的 CPU 最多可连接八个信号模块，以便支持其他数字量和模拟量 I/O。

2) 信号板：可将一个信号板连接至所有的 CPU，用户可以通过在控制器上添加数字量或模拟量 I/O 来自定义 CPU，同时不影响其实际大小。

3) 内存：为用户程序和用户数据之间的浮动边界提供多达 50KB 的集成工作内存，同时提供多达 2MB 的集成加载内存和 2KB 的集成记忆内存。可用 SIMATIC 存储卡轻松转移程序，供多个 CPU 使用，存储卡也可用于存储其他文件或更新控制器系统固件。

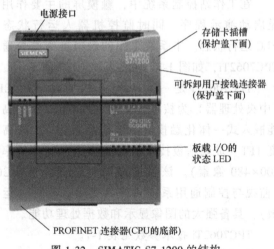

图 1-32　SIMATIC S7-1200 的结构

4) 集成的 PROFINET 接口：集成的 PROFINET 接口用于进行编程、HMI 和 PLC-to-PLC 通信。另外，该接口支持使用开放以太网协议的第三方设备。该接口使用具有自动纠错功能的 RJ45 连接器，并可以提供 10/100Mbit/s 的数据传输速率。PROFINET 接口支持多达 16 个以太网连接以及以下协议：TCP/IP native、ISO onTCP 和 S7 通信。

SIMATICS7-1200 具有用于进行计算和测量、闭环回路控制和运动控制的集成技术，是一个功能非常强大的系统，可以实现多种类型的自动化任务。

3. 传感器

传感器是一种检测装置，能感受到被测量的信息，并能将感受到的信息按一定规律变换成为电信号或其他所需形式的信息输出，以满足信息的传输、处理、存储、显示、记录和控制等要求。它是控制系统实现自动化、系统化和智能化的首要环节。本系统中使用的主要传感器见表1-8。

表1-8　本系统中使用的主要传感器

序号	名称	型号和规格	说明
1	磁性开关	CK-S42、CK-S30(含绑带)	气缸位置检测
2	光电开关	E3Z-D81	物料检测
3	光纤传感器	E3X-HD11 2M E32-ZD200 2M	梯形方向检测

4. 磁性开关

当有磁性物体接近时，磁性开关会动作，并输出信号。若在气缸的活塞（或活塞杆）上安装磁性物质，在气缸缸筒外面的两端各安装一个磁性开关，就可以用这两个磁性开关分别标识气缸运动的两个极限位置。当气缸的活塞杆运动到一端的极限位置时，该端的磁性开关就动作并发出电信号。

在磁性开关上设置有LED（发光二极管），用于显示它的状态，供调试时使用。磁性开关动作时，输出信号"1"，LED亮；不动作时，输出信号"0"，LED不亮。

磁性开关的安装位置可以调整，调整方法是松开磁性开关的紧定螺栓，让它顺着气缸滑动，到达指定位置后，再旋紧紧定螺栓。

磁性开关有蓝色和棕色两根引出线，如图1-33所示，使用时可根据需要将棕色引出线接24V正极，蓝色引出线接PLC输入端。

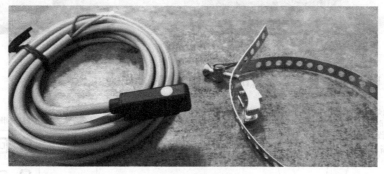

图1-33　磁性开关

5. 光电传感器

光电传感器利用光的各种性质检测物体的有无或物体表面状态的变化，如果输出形式为开关量，则称之为光电式接近开关，或称为光电传感器，如图1-34所示。

光电传感器主要由光发射器（投光器）、光接收器（受光器）和检测电路构成。如果光发射器发射的光线因被检测物体的不同而被遮掩或反射，则到达光接收器的光将会发生变化。光接收器的光敏感元件将检测出这种变化，并将这种变化转换为电信号进行输出。光发射器发射的光线大多使用可视光和红外光。

6. 光纤传感器

光纤传感器也属于光电传感器，只不过将探头和放大器部分分开了，是一种放大器分离

图 1-34　光电传感器

型的光电传感器。因为探头部分是用光纤作为材料对光进行传导，没有电气结构，所以光纤传感器不仅能安装于一些狭小的空间，检测微小的物体，还可以应用于一些特殊环境，如有腐蚀性、磁场及高温等环境。光纤传感器可分为对射型、回归反射型和扩散反射型等。

目前，光纤传感器的放大器大多数为数字化的显示和控制。本系统使用 E3X-HD11 智能型光纤传感器，如图 1-35 所示。

图 1-35　光纤传感器

E3X-HD11 智能型光纤传感器操作-显示如图 1-36 所示。

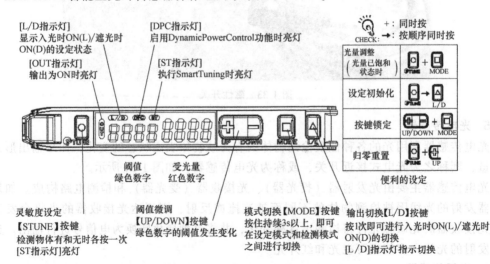

图 1-36　光纤传感器操作-显示

（1）切换方法

1）按 ![L/D] 按键，对于对射型传感器，若在传感器检测物体时，想使产品进入 ON 状态，则设定为"遮光时 ON"。[L/D 指示灯] 的 /D 亮灯。

2）对于反射型光纤传感器，若在传感器检测物体时，想使产品进入 ON 状态，则设定为"入光时 ON"。[L/D 指示灯] 的 L 亮灯。

（2）简单灵敏度调整 若要检测有/无检测物体，可以采用两点法调整。

1）在有检测物体的状态下按 ![TUNE] 按键，如图 1-37 所示。

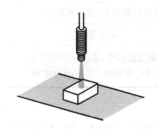

图 1-37 有检测物体状态的调整

2）在无检测物体的状态下再次按 按键，如图 1-38 所示。

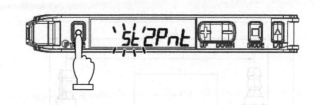

图 1-38 无检测物体状态的调整

此设定方法将 1）、2）中受光量大的一方设置为受光量数值；将 1）和 2）的受光量中间值设定为阈值。

（3）设定初始化 将所有设定内容初始化，恢复至出厂时状态。具体操作如下：

1）在按下 ![TUNE] 按键的状态下，按 ![L/D] 按键 3s 以上。

2）通过 ![UP/DOWN] 选择 [rSt]，按 ![MODE] 按键。

3）通过 ![UP/DOWN] 选择 [rSt in it]，按 ![MODE] 按键。

注意：若先按 L/D △ 按键，则会导致输出反转。

（二）气动元器件介绍

气动元器件是通过气体的压强或膨胀产生的力来做功的元器件，即将压缩空气的弹性能量转换为动能的元器件。本系统中使用的气动元器件见表1-9。

表1-9　本系统中使用的气动元器件

序号	名称	型号和规格	说明
1	气动手指	SHZ20	物料抓取及夹持
2	薄型气缸	SQ50＊30-S	物料装配
3	不锈钢迷你气缸	RA16×30-S-CM	控制物料输送，送料机构动作
4	真空发生器	AZU07L	真空建立
5	电磁阀	RV5211-06Q、RV5312C-06	控制气缸动作，系统中使用两位五通电磁阀和三位五通电磁阀

1. 气缸

在气动自动化系统中，气缸的相对成本较低、安装容易、结构简单、耐用、缸径尺寸及行程可选，是应用最广泛的一种执行元件。普通气缸是指缸筒内只有一个活塞和一个活塞杆的气缸。

（1）活塞式气缸　活塞式气缸的结构和工作原理与液压缸基本类似，其结构和参数已系列化、标准化和通用化，是目前应用最为广泛的一种气缸。图1-39所示为QGA系列无缓冲标准型气缸的结构及外形。

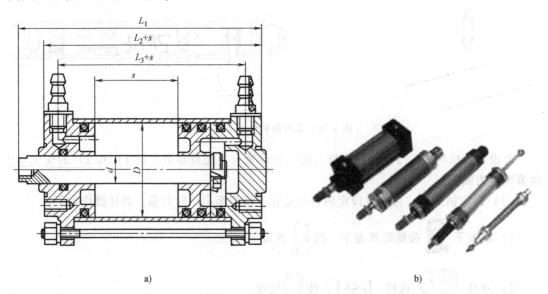

a)　　　　　　　　　　　　　　　b)

图1-39　QGA系列无缓冲标准型气缸的结构及外形

（2）薄膜式气缸　薄膜式气缸分为单作用式和双作用式两种。薄膜式气缸的结构及外形如图1-40所示，单作用式气缸的工作原理是：当压缩空气进入气缸的左腔时，膜片3在气压作用下产生变形,使活塞杆 2 伸出,撤掉压缩空气后,活塞杆 2 在弹簧的作用下缩回,使膜片复位。活塞的位移较小,一般小于 40mm。这种气缸结构紧凑、重量轻、密封性能好、维修方便、制造成本低,广泛应用于各种自锁机构及夹具。

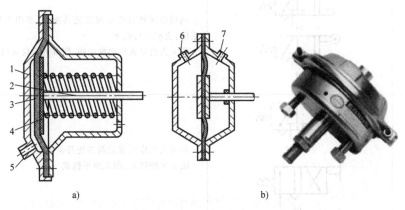

图 1-40 薄膜式气缸的结构及外形
a)单作用式　b)双作用式
1—缸体　2—活塞杆　3—膜片　4—膜盘　5—进气口　6、7—进、出气口

2. 换向型控制阀

换向型控制阀利用主阀芯的运动而使气流改变运动方向,其分类、工作原理和功用都与液压换向阀相同。表 1-10 所列为几类不同控制方式的换向型控制阀及其特点。

表 1-10　换向型控制阀及其特点

名称	图形符号	特点
气压控制换向阀	a) 2 □ □ 1 b)	利用气体压力使主阀芯运动而使气流改变方向。按作用原理可分为如下几种: 1)加压控制:所加的气控信号压力逐渐上升,当气压增加到阀芯的动作压力时,主阀芯换向 2)卸压控制:所加的气控信号压力逐渐减小,当气压减小到某一压力值时,主阀芯换向 3)差压控制:主阀芯在两端压力差的作用下换向 图 a 为加压或卸压控制,图 b 为差压控制
电磁控制换向阀	a) b) c)	利用电磁力的作用来实现主阀芯的换向而使气流改变方向,分为直动式和先导式两种 图 a 为直动式电磁控制换向阀,图 b,c 为先导式电磁控制换向阀。其中,图 b 为气压加压控制,图 c 为气压卸压控制

（续）

名称	图形符号	特点
机动换向阀	a) b)	利用机械外力推动阀芯使其换向,多用于行程程序控制系统,也称为行程阀 图 a 为直动式机动换向阀,图 b 为滚轮式机动换向阀
手动换向阀	a) b)	利用人工作用推动阀芯使其换向 图 a 为按钮式,图 b 为手柄式
时间控制换向阀	A K ● ● O P	使气流通过气阻、气容等延迟一定时间后再使阀芯换向

3. 气流负压吸盘

气流负压吸盘的工作原理如图 1-41 所示,当压缩空气进入喷嘴后,利用伯努利效应带走多余的空气,使橡胶皮碗内产生负压。气流负压吸盘不需专为机器人配置真空泵,因此在工厂使用方便,只需在现场配备空压机站或空压机。

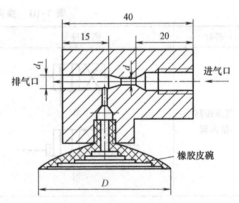

图 1-41　气流负压吸盘的工作原理

二、任务实施

（一）作业前准备

1）清理工作台表面。

2）安全确认。

3）确认机器人初始点。

（二）认识工作站控制系统组成

根据相关知识识别工作站上的相关元器件。

1. 主控台

主控台外形如图 1-42 所示,主要组成电气元器件见表 1-11。

2. 机器人控制柜

机器人控制柜外观如图 1-43 所示。控制柜上的开关和按钮的操作说明见表 1-12。

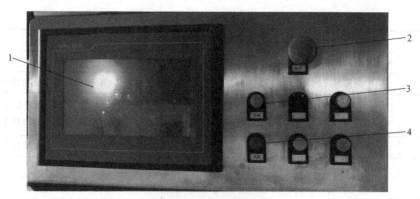

图 1-42 主控台外形

表 1-11 主控台主要组成电气元器件

图 1-42 中标号	名称	型号和规格	说明
1	触摸屏	TPC7062Ti	人机界面显示与操作
2	急停按钮	LA39	工作站急停
3	带灯按钮(绿)	LA39	系统电源打开,指示灯为绿色
4	带灯按钮(红)	LA39	系统电源断开,指示灯为红色

图 1-43 机器人控制柜

表 1-12 机器人控制柜开关和按钮操作说明

图 1-43 中标号	名称	说明
1	电源开关	机器人控制柜总开关
2	模式开关	机器人操作模式切换开关
3	急停按钮	工作站急停
4	伺服上电按钮	伺服电动机使能上电

3. 电气接线板

机器人工作站内部电气接线板如图 1-44 所示。电气接线板主要电气元器件的说明见表 1-13。

图 1-44 电气接线板

表 1-13　电气接线板主要电气元器件说明

图 1-44 中标号	名称	型号和规格	说明
1	剩余电流动作断路器	DZ47LE32 C32	漏电保护
2	断路器	DZ4760 C3	直流电动机、系统电源开关
3	三眼插座		机器人电源、电源接插板电源、交换机 电源、空压机电源插座
4	中间继电器	MY2N-GS DC24	控制电路开关，直流电动机电源开关
5	PLC	S7-1212C DC/DC/DC	控制器
6	信号模块	SM 1223 DI16/DQ16×24VDC	信号模块
7	开关电源	S8FS-C10024	直流减速电动机电源、系统直流电源，24V/4.5A

4. 工作站主电路电气原理图

如图 1-45 所示，转动转换开关 SA0 打开整个工作站电源。合上剩余电流动作断路器 QF0，接通主电路电源。

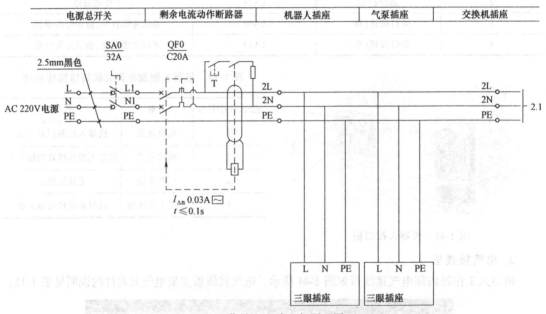

图 1-45　工作站主电路电气原理图（一）

如图 1-46 所示，合上断路器 QF1，接通开关电源 VC2，当 PLC 控制中间继电器 KA2 常开触点动作时，直流电动机 M1 开始转动。合上断路器 QF2，接通开关电源 VC1，并且点亮停止指示灯 HL1。

如图 1-47 所示，按下启动按钮 SB1（28-27），中间继电器 KA1（26-30）线圈得电，常开触点 KA1（28-29）闭合，使 PLC 及外部电气元器件电源（29-30）接通，而常开触点 KA1（28-27）也闭合。由于常开触点 KA1（28-27）与启动按钮 SB1（28-27）是并联的，所以按下启动按钮 SB1（28-27）造成中间继电器 KA1（26-30）形成自锁，即使松开启动按钮 SB1（28-27）也会让中间继电器 KA1（26-30）继续得电，并且点亮工作指示灯 HL0。与此同时，常闭触点 KA1（28-25）断开，熄灭停止指示灯 HL1。

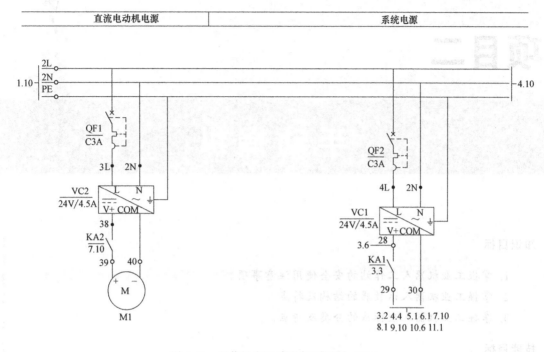

图 1-46　工作站主电路电气原理图（二）

如果按下停止按钮 SB2（27-26），则中间继电器 KA1（26-30）线圈失电，常开触点 KA1（28-29）恢复初始状态，PLC 及外部电气元器件电源（29-30）电路断开。常开触点 KA1（28-27）恢复初始状态，工作指示灯 HL0 熄灭。常闭触点 KA1（28-25）恢复初始状态，点亮停止指示灯 HL1。

三、任务拓展

看工作站主电路电气原理图，完成启动、停止、急停等按钮的接线。

四、思考与练习

1. 简述单电控电磁阀与双电控电磁阀的区别。
2. 简述光电式传感器的工作原理。
3. 简述光纤传感器检测物体有无的设定方法。

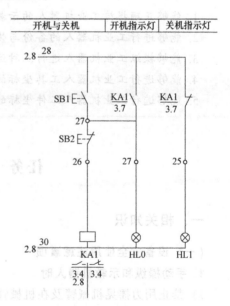

图 1-47　工作站主电路电气原理图（三）

项目二

手动操纵

知识目标

1. 掌握工业机器人工作站的安全使用注意事项。
2. 掌握工业机器人示教器的结构及特点。
3. 掌握工业机器人坐标系的分类及特点。

技能目标

1. 能够正确握持工业机器人的示教器。
2. 能够进行工业机器人的备份与恢复。
3. 能够操纵工业机器人进行三种运动模式的点动。
4. 能够进行工业机器人工具坐标的示教。
5. 能够进行工业机器人工件坐标的示教。

任务一　认识示教器

一、相关知识

(一) 设备安全使用注意事项

1. 手动操纵和示教机器人时

1) 禁止用力摇晃机械臂及在机械臂上悬挂重物。

2) 示教时切勿戴手套。

3) 未经许可不能擅自进入机器人工作区域。调试人员需要进入机器人工作区域时，需随身携带示教器，防止他人误操作。

4) 操纵机器人前，需仔细确认工作站的安全保护装置是否能够正确工作，如急停按钮、安全开关等。

5) 在手动操纵机器人时，要采用较低的倍率速度或者设置增量运行，以更好地控制机器人。

6）使用摇杆操纵机器人时，要预先考虑好机器人的运动趋势，确保不会发生干涉。

7）在察觉到有危险时，应立即按下急停按钮，停止机器人工作站运转。

2. 手动运行程序和自动模式运行时

1）使用由其他系统编制的程序或者是第一次运行程序时，要先单步运行一遍，确认动作，之后再连续运行该程序。

2）在按下示教器上的启动键运行程序之前，要了解机器人程序将要执行的全部任务，考虑机器人的运动趋势，并确认该路径不会发生干涉。

3）机器人处于自动模式时，严禁进入机器人本体动作范围内。

4）须知道所有会影响机器人移动的开关、传感器和控制信号的位置和状态。

5）永远不要认为机器人没有移动，其程序就已经完成，此时，机器人很可能是在等待让它继续移动的输入信号。

（二）示教器按键及功能

1. 示教器的结构

示教器是一种手持式操作装置，用于操作与执行机器人系统的相关任务，如手动操纵机器人、程序编辑以及修改参数配置等。

ABB 机器人示教器的结构如图 2-1 和图 2-2 所示。

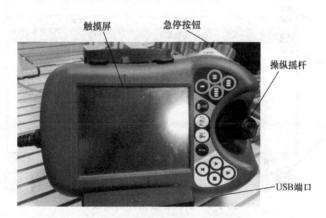

图 2-1　ABB 机器人示教器正面

2. 示教器功能键区

示教器的功能键区共有 12 个按键，如图 2-3 所示。自定义功能键可用于配置常用功能，切换键用于操纵机器人时快速改变坐标系等设置，程序运行控制键用于手动操纵或自动运行时的程序启停等控制。

3. 示教器触摸屏的组成

示教器触摸屏的组成如图 2-4 所示，包含 ABB 菜单、操作员窗口、状态栏、关闭按钮、任务栏及快速设置菜单。

ABB 菜单包含如下项目：HotEdit、输入输出、手动操纵、自动生产窗口、程序编辑器、程序数据、备份与恢复、校准、控制面板、事件日志、FlexPendant 资源管理器和系统信息。

操作员窗口显示来自程序的信息。

状态栏如图 2-5 所示，显示 ABB 机器人的常用信息及事件日志。

使能键　复位键　触屏笔

图 2-2　ABB 机器人示教器背面

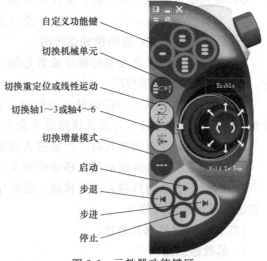

自定义功能键
切换机械单元
切换重定位或线性运动
切换轴1~3或轴4~6
切换增量模式
启动
步退
步进
停止

图 2-3　示教器功能键区

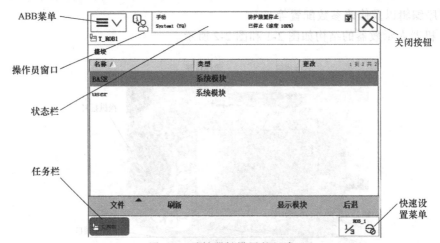

ABB菜单
操作员窗口
状态栏
任务栏
关闭按钮
快速设置菜单

图 2-4　示教器触摸屏的组成

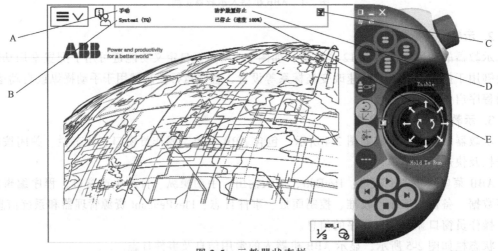

A
B
C
D
E

图 2-5　示教器状态栏

A：机器人的状态：手动、全速手动和自动。

B：机器人系统的信息。

C：当前机器人或外部轴的使用状态。

D：机器人伺服电动机的状态。

E：机器人程序的运行状态。

单击窗口上方的状态栏可以查看机器人的事件日志，如图 2-6 所示。

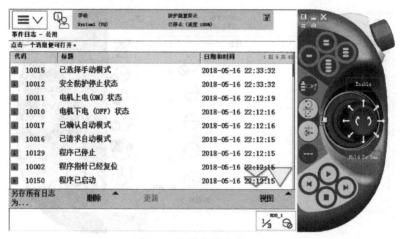

图 2-6　机器人的事件日志

任务栏显示所有打开的视图，并可用于视图切换。

快速设置菜单包含对微动控制和程序执行的设置。快速设置菜单提供了比使用手动操作视图更加快捷的方式，可在各个微动属性之间切换。菜单上的每个按钮显示当前选择的属性值或设置。在手动模式中，快速设置菜单中的按钮显示当前选择的机械单元、运动模式和增量大小。快速设置菜单可以从触摸屏右下角打开。该菜单提供了更加完整的设置内容。

快速设置菜单中的机械装置页面显示了当前的机械单元、工具坐标系、工件坐标系、操纵杆速率、坐标系选择及动作模式的选择，如图 2-7 所示。

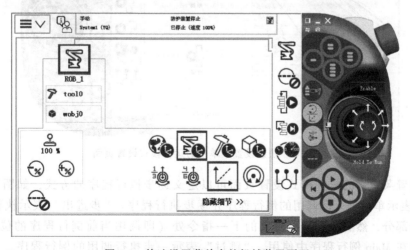

图 2-7　快速设置菜单中的机械装置页面

快速设置菜单中的增量设置页面可选择手动操纵需要的增量，如图 2-8 所示。采用增量移动对机器人进行微幅调整，可非常精确地进行定位操作。控制杆偏转一次，机器人就移动一步。如果控制杆偏转持续一秒或数秒，机器人就会持续移动（速率为每秒 10 步）。默认模式为无增量模式，此时当控制杆偏转时，机器人将会持续移动。在无增量模式下，摇杆的操纵幅度与机器人的运动速度相关。幅度越大，则机器人运动速度越快；幅度越小，则机器人运动速度越小。因此，在操作不熟练的情况下，可以先使用增量模式。

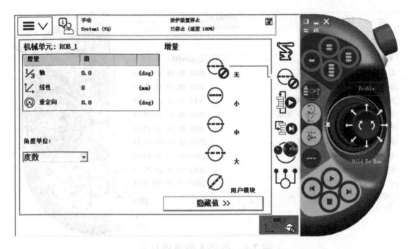

图 2-8　快速设置菜单中的增量设置页面

快速设置菜单中的运行模式设置页面可以定义程序执行一次就停止，也可以定义程序持续循环执行，如图 2-9 所示。

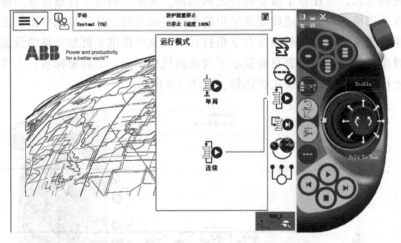

图 2-9　快速设置菜单中的运行模式设置页面

快速设置菜单中的步进模式设置页面可以定义逐步执行程序的方式，如图 2-10 所示。"步进入"表示单步进入已调用的例行程序并逐步执行程序。"步进出"表示执行当前例行程序的其余部分，然后在例行程序中的下一指令处（即调用当前例行程序的位置）停止，此指令无法在 Main 例行程序中使用。"跳过"表示一步执行调用的例行程序。"下一步行动"表示步进到下一条运动指令。

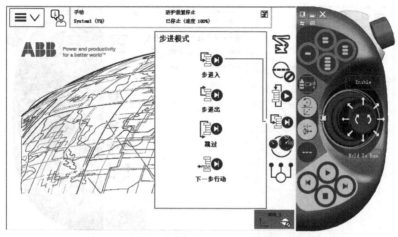

图 2-10　快速设置菜单中的步进模式设置页面

快速设置菜单中的速度设置页面适用于当前操作模式，如图 2-11 所示。在自动模式下降低速度，那么更改模式后该设置仍然保留。

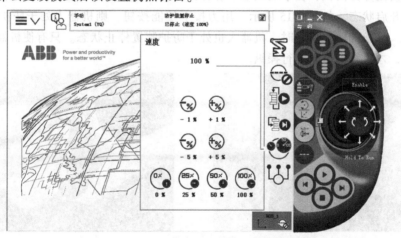

图 2-11　快速设置菜单中的速度设置页面

在快速设置菜单中的任务页面中，如果系统安装了 Multitasking 选项，则可以包含多个任务，否则仅可包含一个任务，如图 2-12 所示。默认情况下，只能启用/停用正常任务。

二、任务实施

（一）作业前的准备

1）清理工作台表面，打开本任务的文件压缩包。

2）安全确认。

3）确认机器人初始点。

认识示教器

（二）示教器的操作

1. 使能按钮的操作方法

示教器正确的持握方式如图 2-13 所示。左手习惯操作者可以在系统中更改为左手习惯：在控制面板中设置将显示器旋转 180°，并反向持握即可。

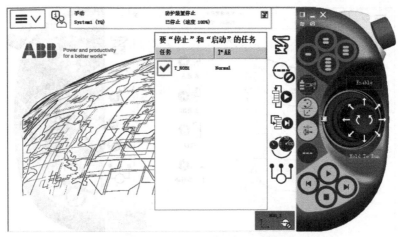

图 2-12　快速设置菜单中的任务页面

　　使能按钮位于示教器操纵摇杆的旁边，操作者需要使用左手手指进行操作，如图 2-14 所示。使能按钮分为两档，在手动状态下轻轻按下使能按钮并保持在第一档位置，机器人则处于电动机开启状态，如图 2-15 所示。用力按下使能按钮，则机器人处于防护装置停止状态的第二档。当松开使能按钮时，机器人也处于防护装置停止状态。只有使机器人保持电动机开启状态，才可对机器人进行操纵。

图 2-13　示教器的持握方式

图 2-14　使能按钮的操作方式

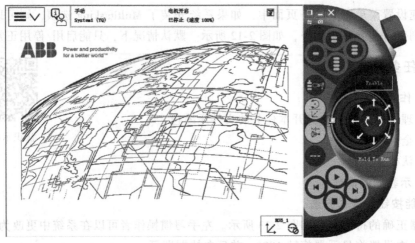

图 2-15　状态栏显示电动机开启

2. 操纵摇杆的功能及操作

使用示教器的操纵摇杆可以进行上下左右及倾斜方向、旋转等操作，一共有 10 个方向，如图 2-16 所示。正确持握示教器，按下快捷键切换为 1~3 轴关节动作模式，并切换为无增量模式，然后按下使能按钮，即可使用摇杆操纵机器人，注意摇杆的运动幅度。

图 2-16 示教器的操纵摇杆

三、任务拓展

使用示教器快速设置菜单的按钮，切换示教器为线性运动模式和无增量模式，使用操纵摇杆操纵机器人。

四、思考与练习

1. 机器人调试过程中，一般将其置于哪种模式？（　　）

A. 自动模式　　　　　　　B. 手动限速模式　　　　　C. 手动全速模式

2. 在虚拟示教器上，可通过哪个虚拟按钮控制机器人在手动模式下使电动机上电？（　　）

A. Hold To Run　　　　　B. Enable　　　　　　　　C. 启动按钮

3. 在机器人手动模式下，可通过哪个按钮控制电动机上电？（　　）

A. 电动机上电按钮　　　　B. 系统输入 MotorOn　　　C. 使能按钮

4. 进行机器人微调时，为保证移动准确及便捷，一般采用哪种方法？（　　）

A. 轻微推动操纵摇杆　　　B. 降低机器人运行速度　　C. 使用增量模式

5. 水平安装机器人，线性操作，参考基座坐标系，逆时针旋转操纵摇杆，则机器人如何运动？（　　）

A. 向上移动　　　　　　　B. 向下移动　　　　　　　C. 朝机器人正前方移动

6. 为便于手动操纵的快捷设置，示教器上提供了几个快捷键？（　　）

A. 2　　　　　　　　　　　B. 4　　　　　　　　　　　C. 6

任务二　机器人操作环境的基本配置

一、相关知识

机器人操作环境
的基本配置

（一）设定示教器的显示语言

示教器在出厂时默认的显示语言是英文，下面介绍将显示语言设定为中文的操作步骤。

1）单击菜单按钮，选择 "Control Panel"，如图 2-17 所示。

2）选择 "Language"，如图 2-18 所示。

3）选择 "Chinese"，单击 "OK"，如图 2-19 所示。

4）单击 "Yes" 按钮后，系统重启，如图 2-20 所示。

5）系统重启后，单击 "ABB" 即可看到菜单已切换成中文界面，如图 2-21 所示。

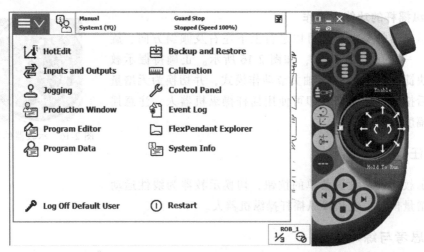

图 2-17　步骤 1)

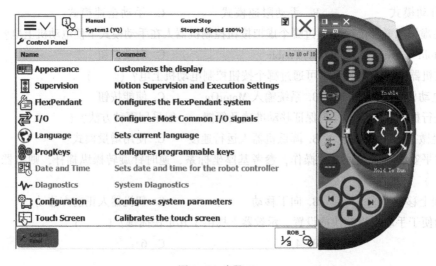

图 2-18　步骤 2)

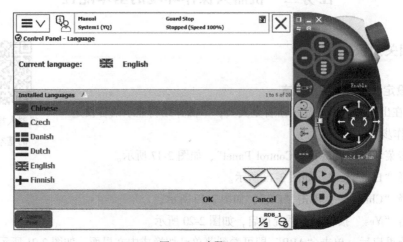

图 2-19　步骤 3)

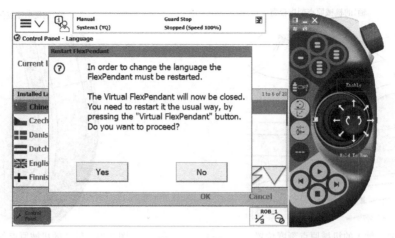

图 2-20 步骤 4)

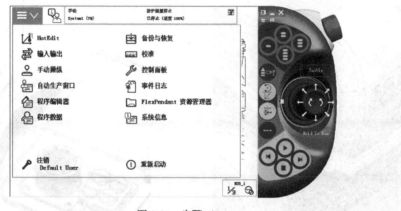

图 2-21 步骤 5)

(二) ABB 机器人的机械原点

图 2-22 所示为 IRB 120 型号 ABB 机器人 6 个轴都在机械原点的姿态。图 2-23~图 2-28 分别展示了 IRB 120 型号 ABB 机器人 6 个轴的机械原点刻度位置。校准时需要将每个轴两边的机械原点刻度中心对准。其他型号机器人的机械原点刻度位置请参考随机说明书。

1) 轴 1 的机械原点刻度位置如图 2-23 所示。

2) 轴 2 的机械原点刻度位置如图 2-24 所示。

3) 轴 3 的机械原点刻度位置如图 2-25 所示。

4) 轴 4 的机械原点刻度位置如图 2-26 所示。

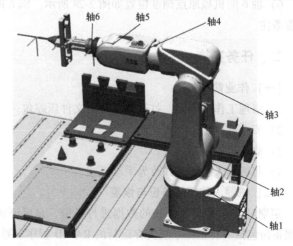

图 2-22 ABB 机器人 6 个轴都在机械原点的姿态

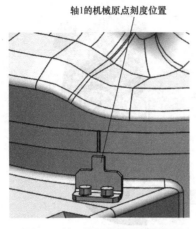

图 2-23 轴 1 的机械原点刻度位置

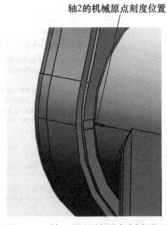

图 2-24 轴 2 的机械原点刻度位置

图 2-25 轴 3 的机械原点刻度位置

图 2-26 轴 4 的机械原点刻度位置

5）轴 5 的机械原点刻度位置如图 2-27 所示。

6）轴 6 的机械原点刻度位置如图 2-28 所示。轴 6 的机械原点刻度位置有时会被末端安装工具覆盖住。

二、任务实施

（一）作业前准备

1）清理工作台表面，打开本任务的文件压缩包。

2）安全确认。

3）确认机器人初始点。

4）将机器人操作模式改为手动模式。

机器人 机器人
操作环境的基本配置 1 操作环境的基本配置 2

（二）机器人数据的备份与恢复

定期对 ABB 机器人系统的数据进行备份，是保证机器人正常工作的良好习惯。ABB 机器人数据备份包括所有正在系统内存运行的 RAPID 程序和系统参数。当机器人系统出现错误或重装系统之后，都可以通过系统恢复快速地让机器人系统回到备份时的状态。

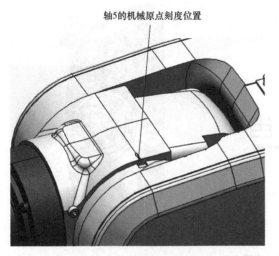

轴5的机械原点刻度位置

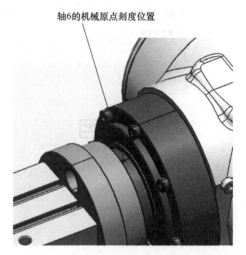

轴6的机械原点刻度位置

图 2-27 轴 5 的机械原点刻度位置　　　　图 2-28 轴 6 的机械原点刻度位置

1. 对 ABB 机器人数据进行备份

1）打开 ABB 菜单，选择"备份与恢复"，如图 2-29 所示。

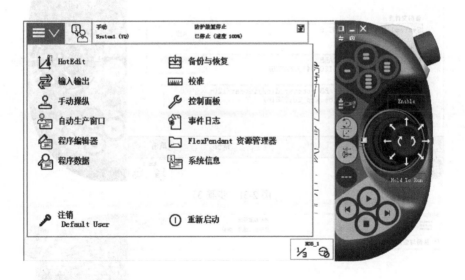

图 2-29 步骤 1)

2）单击"备份当前系统"按钮，如图 2-30 所示。

3）单击"ABC"按钮，进行存放备份文件夹名称的设定。单击"..."按钮，选择备份数据存放的路径。单击"备份"，进行备份操作，如图 2-31 所示。

2. 对 ABB 机器人数据进行恢复

1）打开 ABB 菜单，选择"备份与恢复"。单击"恢复系统"按钮，如图 2-32 所示。

2）单击"..."按钮，选择备份文件夹。单击"恢复"，如图 2-33 所示。

3）单击"是"按钮，如图 2-34 所示。

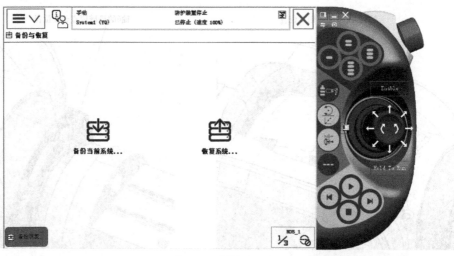

图 2-30　步骤 2)

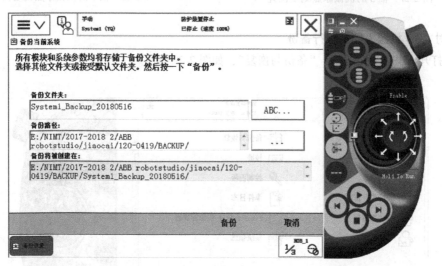

图 2-31　步骤 3)

图 2-32　步骤 1)

图 2-33　步骤 2)

图 2-34　步骤 3)

3. 单独导入程序

单独导入程序是指仅仅导入程序文件，该程序可适用于不同的机器人，但机器人系统的 RobotWare 版本必须相同。

1）打开 ABB 菜单，选择"程序编辑器"，如图 2-35 所示。

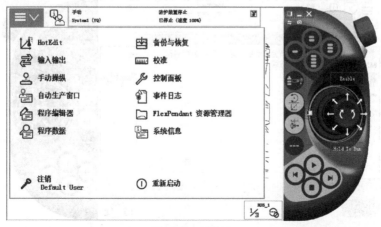

图 2-35　步骤 1)

2）单击"模块"标签，如图 2-36 所示。

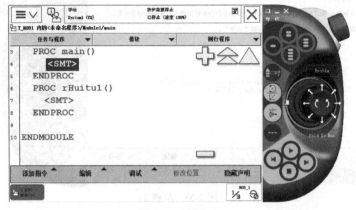

图 2-36　步骤 2)

3）打开"文件"菜单，单击"加载模块"，如图 2-37 所示。

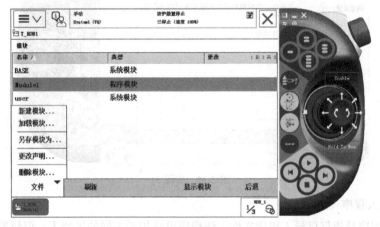

图 2-37　步骤 3)

4）单击"是"按钮，如图 2-38 所示。

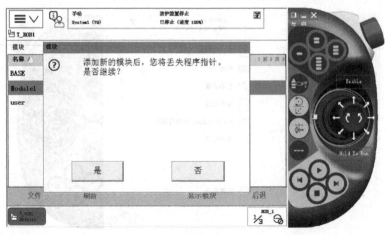

图 2-38　步骤 4)

5）打开备份文件夹，选择"RAPID"文件夹，如图 2-39 所示。

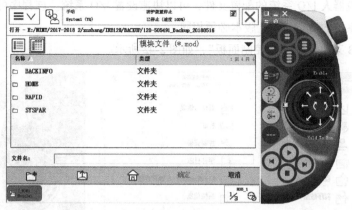

图 2-39　步骤 5）

6）找到 RAPID/TASK1/PROGMOD 下所需要的程序模块，并加载模块，如图 2-40 和图 2-41 所示。

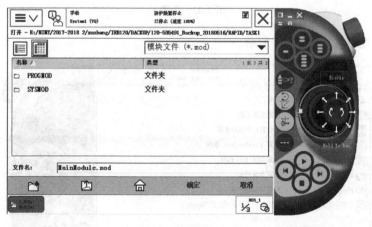

图 2-40　步骤 6）（一）

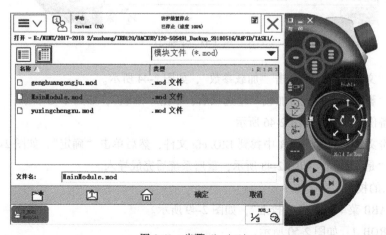

图 2-41　步骤 6）（二）

4. 单独导入 EIO 文件

EIO 文件是机器人 I/O 系统的配置文件，可以快速设置 I/O 系统。该程序可适用于不同的机器人，但机器人系统的 RobotWare 版本必须相同。

1）打开 ABB 菜单，选择"控制面板"，如图 2-42 所示。

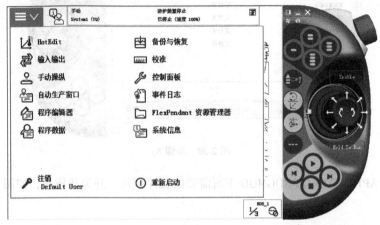

图 2-42　步骤 1)

2）选择"配置"，如图 2-43 所示。

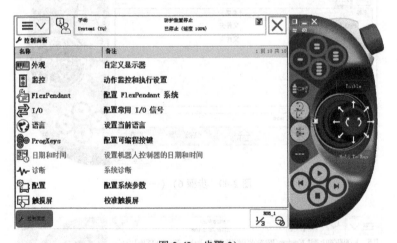

图 2-43　步骤 2)

3）打开"文件"菜单，单击"加载参数"，如图 2-44 所示。

4）选择"删除现有参数后加载"单选项后，单击"加载"，如图 2-45 所示。

5）找到备份文件夹，如图 2-46 所示。

6）在备份文件夹的 SYSPAR 中找到 EIO.cfg 文件，然后单击"确定"，如图 2-47 所示。

7）单击"是"按钮，如图 2-48 所示，重启系统后完成导入。

5. 机器人的校准

1）打开 ABB 菜单，选择"校准"，如图 2-49 所示。

2）单击 ROB_1，如图 2-50 所示。

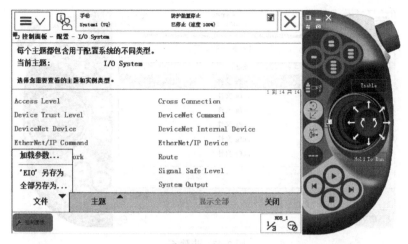

图 2-44　步骤 3)

图 2-45　步骤 4)

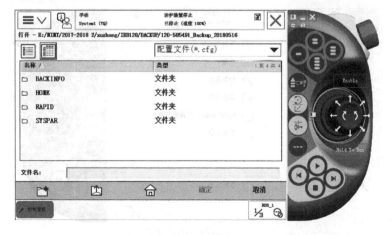

图 2-46　步骤 5)

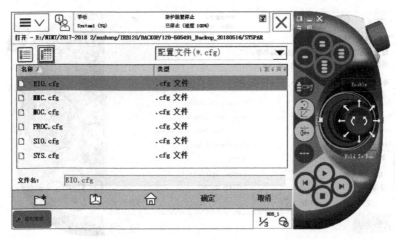

图 2-47　步骤 6)

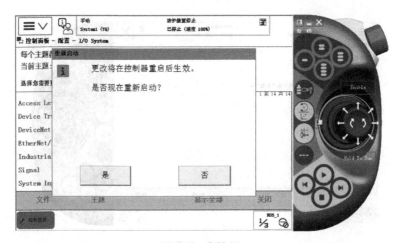

图 2-48　步骤 7)

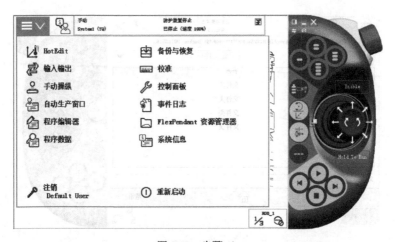

图 2-49　步骤 1)

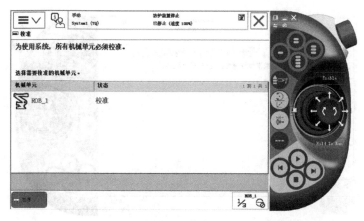

图 2-50 步骤 2)

3) 单击"手动方法（高级）"，如图 2-51 所示。

图 2-51 步骤 3)

4) 选择"校准 参数"，并单击"编辑电机校准偏移"，如图 2-52 所示。

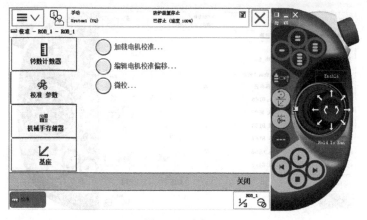

图 2-52 步骤 4)

5) 单击"是"按钮，如图 2-53 所示。

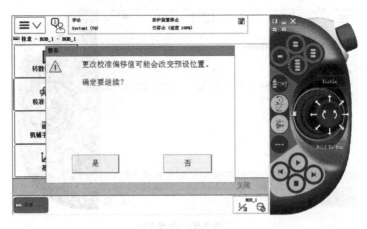

图 2-53　步骤 5)

6）找到机器人本体上的设备铭牌，这里有每个机器人唯一的电动机校准偏移值，如图 2-54 所示。

图 2-54　步骤 6)

7）输入对应于每个轴的电动机校准偏移值，然后单击"确定"，如图 2-55 所示。

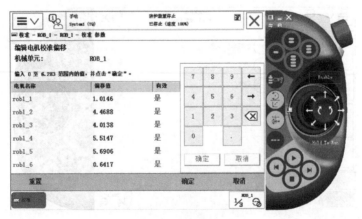

图 2-55　步骤 7)

8）单击"是"按钮，如图 2-56 所示。

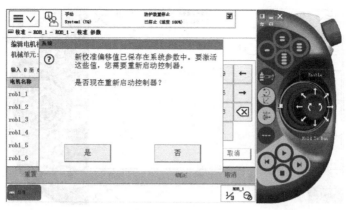

图 2-56　步骤 8)

9) 系统重启后, 打开 ABB 菜单, 选择 "校准", 如图 2-57 所示。

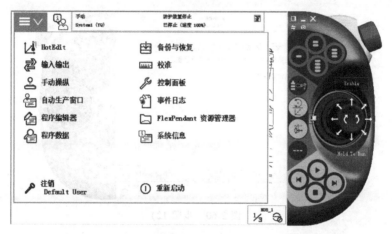

图 2-57　步骤 9)

10) 单击 ROB_1, 单击 "手动方法 (高级)", 如图 2-58 所示。

图 2-58　步骤 10)

11) 单击 "转数计数器", 单击 "更新转数计数器", 如图 2-59 所示。

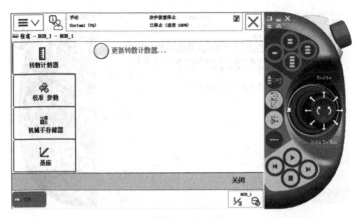

图 2-59　步骤 11)

12) 单击"是"按钮，如图 2-60 所示。

图 2-60　步骤 12)

13) 单击"确定"，如图 2-61 所示。

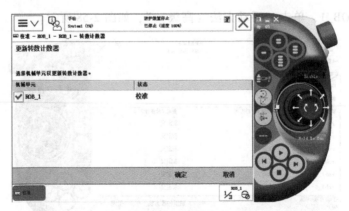

图 2-61　步骤 13)

14) 使机器人 6 个轴运动至机械零点，单击"全选"，然后单击"更新"，如图 2-62 所示。若无法或者难以将机器人 6 个轴一次性全部置于机械零点，可先将某几个轴置于机械零点，然后在示教器上选中相应的轴，单击"更新"。再按此方法设置其他轴，直至全部轴更新完毕。

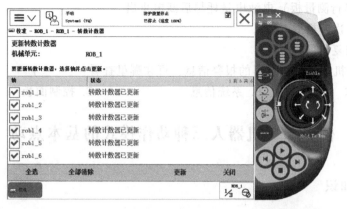

图 2-62 步骤 14)

15) 单击"更新",如图 2-63 所示。操作完成后,转数计数器更新完成。

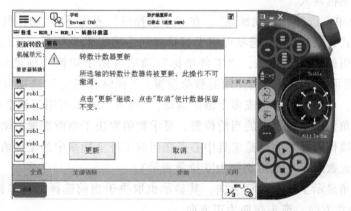

图 2-63 步骤 15)

三、任务拓展

对控制柜当前系统进行定期备份。

四、思考与练习

1. 机器人系统时间在哪个菜单中设置?(   )

A. 手动操纵   B. 控制面板   C. 系统信息

2. 机器人备份文件夹中的程序代码位于哪个子文件夹中?(   )

A. SYSPAR   B. HOME   C. RAPID

3. 机器人备份的内容不包括下列哪一个?(   )

A. 程序代码   B. I/O 参数设置   C. RobotWare 系统文件

4. 当机器人本体上的设备铭牌上的数值与示教器中查看到的对应数值不一致时,怎么办?(   )

A. 更改设备铭牌上数值   B. 更改示教器中的数值   C. 恢复出厂设置

5. 在下列哪种情况下，一般不需要更新转数计数器？（　　）

A. SMB（串行测量板）电池电量耗尽后断电重启

B. 机器人首次开机后

C. 机器人恢复出厂设置后

6. 若想查看机器人之前发出的报警信息，可在哪里查看？（　　）

A. 事件日志　　　　　　B. 系统信息　　　　　　C. 控制面板

任务三　机器人三种动作模式的基本点动

一、相关知识

（一）手动操纵设置

ABB 机器人有三种动作模式：单轴运动、线性运动和重定位运动。可根据需要使用不同的方式手动操纵机器人。

单击 ABB 菜单，选择"手动操纵"。在"手动操纵"界面下，"动作模式"选项可用于切换当前动作模式，"坐标系"选项可用于切换当前手动操纵坐标系，"工具坐标"选项可用于切换当前使用的工具坐标系，"工件坐标"选项可用于切换当前使用的工件坐标系，"有效载荷"选项可用于切换当前使用的载荷设置，"操纵杆锁定"选项可用于在特定的方向上锁定操纵杆，从而阻止一个或多个轴的运动，"增量"选项可用于调整手动增量模式。

界面的右上角显示了机器人的当前位置，显示数值取决于当前选择的动作模式。图 2-64 中，动作模式为线性，显示的就是工具中心点在当前工件坐标系中的坐标值，而工具中心点的旋转角度用四元数表示（也可切换为欧拉角表示）。

界面的右下角显示了操纵摇杆方向，其显示也取决于当前选择的动作模式。图 2-64 所示为 X、Y、Z 操作方向，箭头指向为正方向。

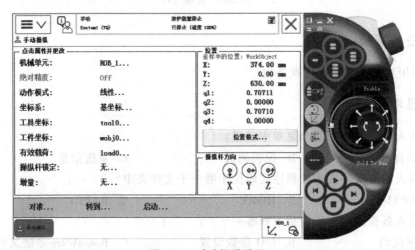

图 2-64　手动操纵设置

（二）单轴运动

单轴运动指的是每次手动操纵一个关节轴运动。操纵摇杆的 3 个自由度对应机器人的

1~3 和 4~6 轴的控制。机器人的 6 个轴如图 2-65 所示。

在"手动操纵"菜单中切换机器人动作模式或者按功能键区的关节切换键即可切换 1~3 和 4~6 轴的控制。

图 2-65 机器人的 6 个轴

机器人各关节有软件和硬件限位。通常情况下，进入软件限位时，机器人就停止动作，这时使用反向操纵退出软件限位即可。在线性运动或重定位运动模式下，动作到限位而无法操纵动作时，可以切换至单轴运动模式，通过单轴单独运动方式退出限位位置。

（三）线性及重定位运动

机器人的线性运动是指机器人工具中心点（TCP）在空间做线性运动，重定位运动则是指机器人绕着工具中心点做调整姿态的动作。根据所选的坐标系不同，机器人的动作路径也会有区别。

进行线性及重定位运动前，需要先选择当前运动的工具坐标系。图 2-66 所示为机器人使用线性动作模式。

图 2-66 机器人线性动作模式

图 2-67 所示的重定位运动是工具中心点绕坐标轴旋转的运动，主要用于工具姿态的调整。

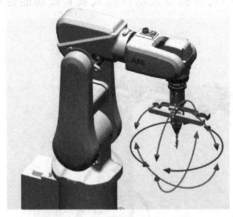

图 2-67　机器人重定位运动

二、任务实施

（一）作业前准备

1）清理工作台表面，打开本任务的文件压缩包。

2）安全确认。

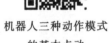

机器人三种动作模式
的基本点动

3）如果使用实际工作站，则调用轨迹工具抓取程序，抓取轨迹工具，并回初始位置。

4）确认机器人初始点，如图 2-68 所示。

（二）机器人三种动作模式的基本点动操作

1）转动机器人控制柜上的模式选择开关，将机器人的动作模式改为手动模式，如图 2-69 所示。

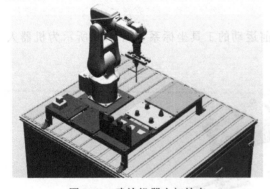

图 2-68　确认机器人初始点

图 2-69　模式选择开关

2）用手持握示教器，单击界面左上角的 ABB 菜单，如图 2-70 所示。

3）单击"手动操纵"，如图 2-71 所示。

4）单击"动作模式："，如图 2-72 所示。

5）选择"轴 1-3"或"轴 4-6"，并单击"确定"，如图 2-73 所示。

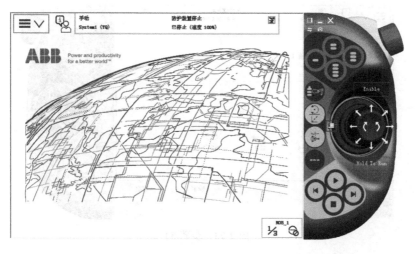

图 2-70 步骤 2)

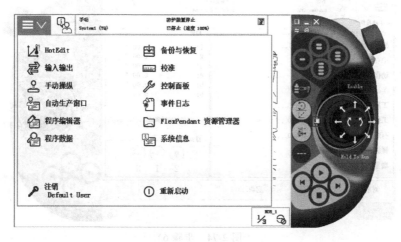

图 2-71 步骤 3)

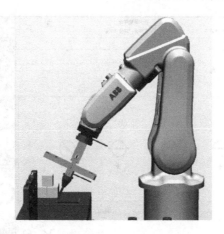

图 2-72 步骤 4)

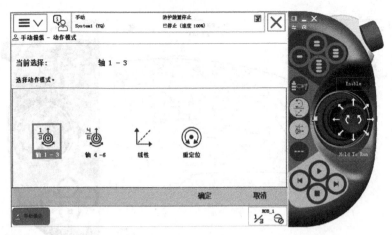

图 2-73 步骤 5)

6) 单击"增量",如图 2-74 所示。

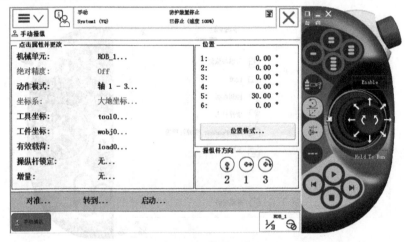

图 2-74 步骤 6)

7) 选择无增量模式,如图 2-75 所示。

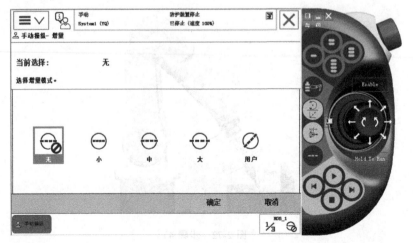

图 2-75 步骤 7)

8）轻轻按下示教器上的使能按钮，摇动操纵摇杆操纵轴 1，使机器人转向工作区域，轨迹工具笔尖大致对准棋盘上的交叉点，如图 2-76 所示。

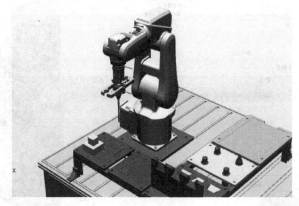

图 2-76 步骤 8)

9）动作模式选择"线性"，如图 2-77 所示。

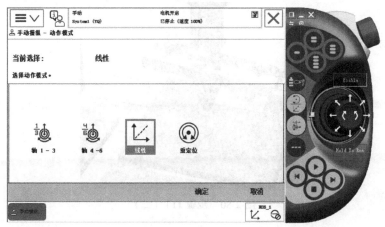

图 2-77 步骤 9)

10）单击"工具坐标"，如图 2-78 所示。

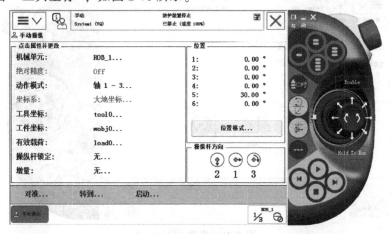

图 2-78 步骤 10)

11）选择轨迹工具坐标，并单击"确定"，调整轨迹工具的位置，使笔尖对准棋盘交叉点，如图2-79和图2-80所示。

图2-79　步骤11）（一）

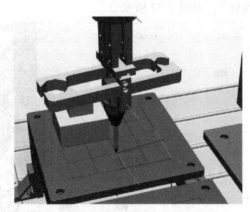

图2-80　步骤11）（二）

12）将动作模式切换为"重定位"，如图2-81所示，做轨迹工具笔尖姿态调整，使笔尖大致与棋盘面成60°夹角，如图2-82所示，完成任务。

图2-81　步骤12）（一）

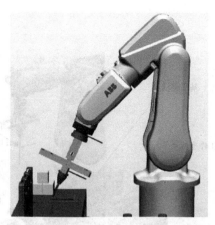

图 2-82 步骤 12）（二）

三、任务拓展

使笔尖对准几何图形画板中图形的角点，并且使笔尖与画板的夹角成 90°。

四、思考与练习

1. 机器人重定位运动时，参考哪一点调整工具姿态？（ ）
A. 法兰盘中心点　　　　B. 当前选中的工具坐标系原点　　　C. 基座中心点
2. 对于重定位运动，默认情况参考哪个坐标系？（ ）
A. 基座坐标系　　　　B. 工件坐标系　　　　C. 工具坐标系
3. 在哪里可以设置增量模式中用户增量的大小？（ ）
A. 程序数据菜单　　　　B. 手动操作菜单
C. 示教器屏幕右下角快速设置菜单
4. 在轴 4~6 单轴运动模式下，顺时针摇动操纵摇杆，则机器人如何运动？（ ）
A. 4 轴正向旋转　　　　B. 6 轴负向旋转　　　　C. 6 轴正向旋转
5. 在轴 1~3 单轴运动模式下，向左推动操纵摇杆，则机器人如何运动？（ ）
A. 1 轴正向旋转　　　　B. 1 轴负向旋转　　　　C. 2 轴正向旋转

任务四　机器人工具坐标系示教

一、相关知识

ABB 机器人的坐标系有大地坐标系（World coordinates）、基座坐标系（Base coordinates）、工具坐标系（Tool coordinates）、用户坐标系（User coordinates）和工件坐标系（Object coordinates）等，均为笛卡儿坐标系，如图 2-83 所示。

1）大地坐标系也称为世界坐标系，它是以地面为基准的三维笛卡儿坐标系，可用来描述物体相对于地面的运动。对于垂直于地面安装的单机器人系统，默认大地坐标系和基座坐标系重合，可不设定大地坐标系。

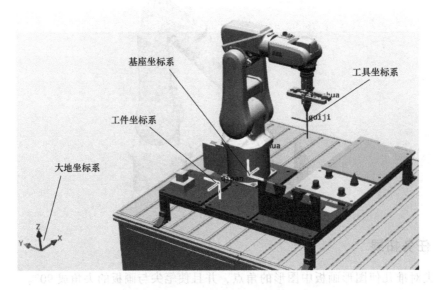

图 2-83　ABB 机器人坐标系

2）基座坐标系也称为机器人坐标系，它是以机器人安装基座为基准的、用于描述机器人本体运动的三维笛卡儿坐标系。每个机器人都有自己的基座坐标系。基座坐标系通常以机器人的腰回转轴线为 Z 轴，以机器人的安装平面为 XY 平面，其 Z 轴正向与腰回转轴 J1 的方向相同，X 轴的轴线与腰回转轴 J1 的零点重合，且顺着手腕离开机器人向外的方向为 X 轴正向，而 Y 轴的方向由右手定则确定。

3）工具坐标系是机器人进行作业必需的坐标系。工业机器人的工具作业点又称为工具中心点（Tool Center Point，TCP），它是机器人运动指令的轨迹对象，机器人目标点在空间的位置就是 TCP 在指定坐标系上的位置值。建立工具坐标系的目的是确定 TCP 的位置和安装姿态。当建立了工具坐标系，机器人使用不同的工具作业时，只需要改变工具坐标系，就能保证机器人的 TCP 正确地到达指令点。机器人第 6 轴上的工具安装法兰面和中心点是工具的安装定位基准。工具坐标系以工具安装法兰中心点（Tool Reference Point，TRP）为原点，垂直于工具安装法兰面向外的方向为 Z 轴正向，手腕向机器人外侧运动的方向为 X 轴正向。如果机器人为出厂状态或者未设定工具坐标系，控制系统将默认为工具坐标系和手腕基准坐标系重合，即 TCP 与 TRP 重合。

4）用户坐标系是以工装位置为基准来描述机器人 TCP 运动的虚拟笛卡儿坐标系。

5）工件坐标系是以工件为基准来描述机器人 TCP 运动的虚拟笛卡儿坐标系。通过切换不同的工件坐标系，机器人就可以对不同工件进行相同的作业，而无须对工件坐标系下的目标点进行修改。

多个工件坐标系可以建立在一个用户坐标系上。对于工具固定、机器人移动工件的作业（如焊接时焊枪固定，机器人抓取工件进行焊接），必须通过工件坐标系来描述 TCP 与工件的相对运动。如果未指定工件坐标系，目标点将与默认的 wobj0 关联，而 wobj0 始终与机器人的基座坐标系保持一致。

二、任务实施

(一) 作业前准备

1) 清理工作台表面，打开本任务的文件压缩包。

2) 安全确认。

3) 如果使用实际工作站，则调用轨迹工具抓取程序，抓取轨迹工具，并回初始位置。

4) 确认机器人初始点。

(二) 设置机器人工具坐标系

1) 转动机器人控制柜上的模式选择开关，将机器人的操作模式改为手动模式，如图 2-84 所示。

2) 用手持握示教器，单击界面左上角的 ABB 菜单，如图 2-85 所示。

3) 单击"手动操纵"，如图 2-86 所示。

机器人工具坐标系示教

图 2-84 步骤 1)

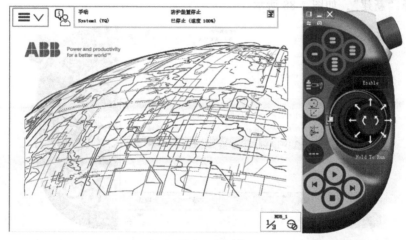

图 2-85 步骤 2)

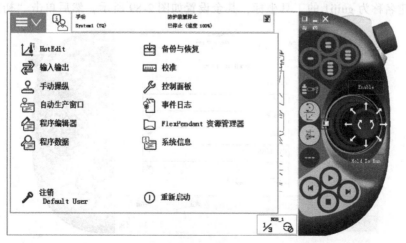

图 2-86 步骤 3)

4）单击"工具坐标"，如图 2-87 所示。

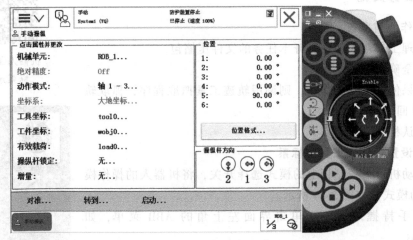

图 2-87　步骤 4)

5）选择"新建"，如图 2-88 所示。

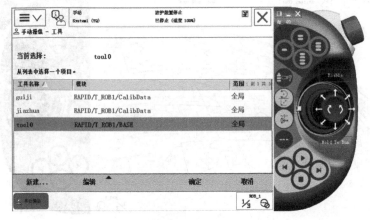

图 2-88　步骤 5)

6）新建名称为 guiji1 的工具坐标，其余设置如图 2-89 所示，然后单击"初始值"。

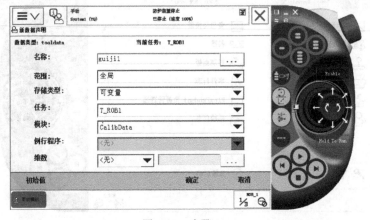

图 2-89　步骤 6)

7）修改 mass 质量的初始值为 2kg，修改有效载荷重心在 Z 方向上为 100mm，然后单击"确定"，如图 2-90 所示，再次单击"确定"。

图 2-90　步骤 7）

8）选中 guiji1，单击"编辑"菜单中的"定义"，如图 2-91 所示。

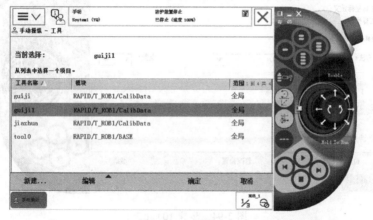

图 2-91　步骤 8）

9）"方法"选择"TCP（默认方向）"，"点数"选择"4"，如图 2-92 所示。

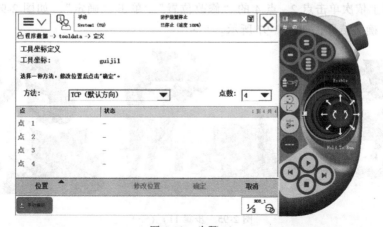

图 2-92　步骤 9）

10）操纵机器人对准工作站上的标定点（为简化表述，文中提到将机器人对准或移到某位置，即指将机器人的工具对准或移到某位置），如图 2-93 所示。在示教器界面上选中"点 2"，单击"修改位置"，如图 2-94 所示。

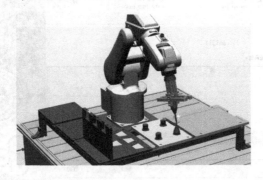

图 2-93　步骤 10）（一）

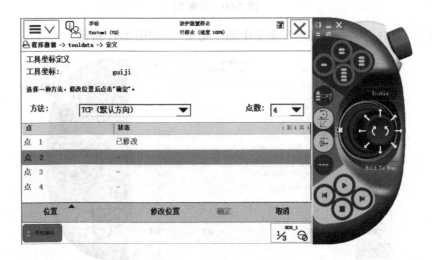

图 2-94　步骤 10）（二）

11）使用单轴模式或重定位运动模式尽量以不同的姿态触碰标定点，如图 2-95 所示。在示教器界面上依次单击点 2～点 4 的"修改位置"，单击"确定"，如图 2-96 所示。再次单击"确定"确认结果，如图 2-97 所示。

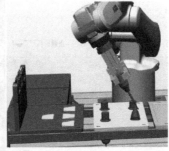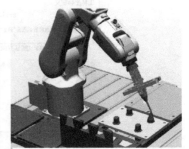

图 2-95　步骤 11）（一）

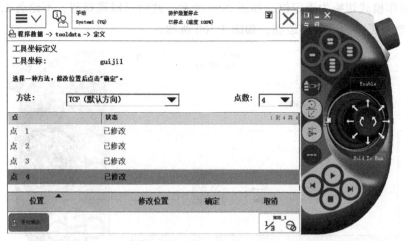

图 2-96　步骤 11)（二）

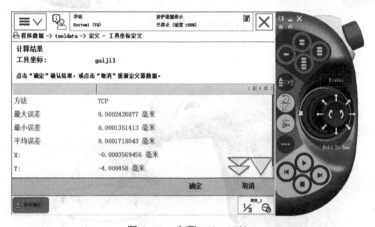

图 2-97　步骤 11)（三）

（三）验证

1）选中 guiji1，选择 guiji1 为当前工具坐标，单击"确定"，如图 2-98 所示。

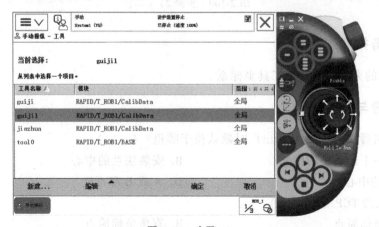

图 2-98　步骤 1)

2）将动作模式切换为重定位，如图 2-99 所示。此时可以观察到，不论怎么动，机器人始终围绕着轨迹工具的笔尖点运动，如图 2-100 所示。

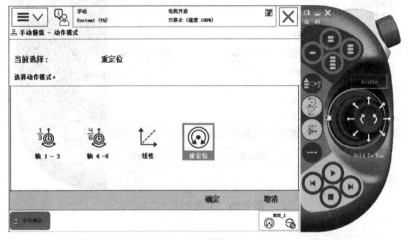

图 2-99　步骤 2）（一）

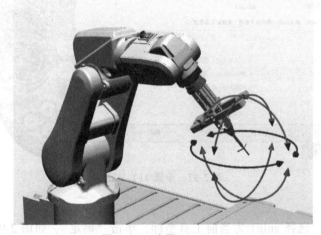

图 2-100　步骤 2）（二）

三、任务拓展

对工具上的夹爪设置一个工具坐标系。

四、思考与练习

1. ABB 机器人的 TCP 坐标出厂时默认位于哪里？（　　　）

A. 最后一个运动轴的中心　　　　　B. 安装法兰的中心

C. J1 轴的中心　　　　　　　　　　D. A 或 B 都可能

2. 机器人的 TCP 是（　　　）。

A. 工具坐标原点　　　　　　　　　B. 直角坐标原点

C. 用户坐标原点　　　　　　　　　D. 关节坐标原点

任务五 机器人工件坐标系示教

一、相关知识

(一) 有效负载数据

有效负载（loaddata）用于描述安装于机械臂第6轴工具安装法兰的负载，常常定义机械臂的有效负载，同时将有效负载作为工具数据（tooldata）的组成部分，以便以最佳的方式来控制机械臂运动。

有效负载包含如下四类数据：

1）mass：负载的质量，数据类型为num，单位为kg。

2）cog：负载的重心，数据类型为pos，单位为mm。

3）aom：相对于手腕基准坐标系的负载的方位，数据类型为orient，用四元数表示。

4）ix、iy、iz：负载在手腕基准坐标系 X、Y、Z 方向的负载转动惯量，数据类型为num，单位为 $kg \cdot m^2$，如果该值均为0，则将工具作为一个点质量来处理。

举例：

PERS loaddata load1 := [5, [50, 0, 50], [1, 0, 0, 0], 0, 0, 0];

上述指令表示通过机械臂所夹持的工具来移动有效负载，有效负载的重量为5kg；有效负载的重心为手腕基准坐标系中的 $x = 50mm$，$y = 0$ 和 $z = 50mm$，并且将有效负载视为一个点质量。

(二) 工具数据

工具数据用于描述工具（如焊枪或夹具）的特征。此类特征包括工具中心点（TCP）的位置、方位及工具负载的物理特征。如果工具得以固定（固定工具），则工具数据首先定义空间中该工具的位置、方位及TCP，随后描述机械臂移动夹具的负载。

工具数据包含如下三类数据：

1）robhold：机械臂是否夹持工具，数据类型为bool，TRUE代表机械臂正夹持着工具，FALSE代表机械臂未夹持工具，即为固定工具。

2）tframe：工具坐标系，数据类型为pose，TCP的位置（x、y 和 z）和工具坐标系的方位用手腕基准坐标系来表示（tool0），TCP位置的单位为mm，工具坐标系方位用四元数表示。

3）tload：机械臂所持工具的负载，数据类型为loaddata，具体见前文所述。

举例：

PERS tooldata gripper := [TRUE, [[97.4, 0, 223.1], [0.924, 0, 0.383, 0]], [5, [23, 0, 75], [1, 0, 0, 0], 0, 0, 0]];

上述指令表示机械臂正夹持着工具；TCP所在点在手腕基准坐标系中，Z 轴坐标为223.1mm，X 轴坐标为97.4mm，工具的 X' 方向和 Z' 方向相对于手腕基准坐标系 Y 方向旋转45°；工具质量为5kg，重心所在点在手腕基准坐标系中，Z 轴坐标为75mm，X 轴坐标为23mm；可将负载视为一个点质量，即不带任何惯性矩。

（三）工件数据

工件数据（wobjdata）用于描述工件相对于大地坐标系或其他坐标系的位置。如果在定位指令中定义工件，则其位置将基于工件的坐标。工件数据可以在机械臂装置改变后快速修改目标点位置，以便重新使用程序。还可对轨迹过程中的变化进行补偿。如果使用固定工具或协调外部轴，则必须定义工件，这是因为路径和速率随后将与工件相关，而非 TCP。

工件数据包含如下五类数据：

1）robhold：规定实际程序任务中的机械臂是否正夹持着工件，数据类型为 bool，TRUE 代表机械臂正夹持着工件，即使用一个固定工具，FALSE 代表机械臂未夹持着工件。

2）ufprog：规定是否使用固定的用户坐标系，数据类型为 bool，TRUE 代表固定的用户坐标系，FALSE 代表可移动的用户坐标系，即使用协调外部轴，同时以半协调或同步协调模式用于 MultiMove 系统。

3）ufmec：用于协调机械臂移动的机械单元仅在可移动的用户坐标系中进行设定（ufprog 为 FALSE），数据类型为 string，可设定系统参数中所定义的机械单元名称，如 orbit_a。

4）uframe：用户坐标系，即当前工作面或固定装置的位置，数据类型为 pose，表示为坐标系原点的位置（x、y 和 z）和方位，坐标系原点位置的单位为 mm，坐标系方位用四元数表示。如果机械臂正夹持着工具，则在大地坐标系中定义用户坐标系（如果使用固定工具，则在手腕基准坐标系中定义）。对于可移动的用户坐标系（ufprog 为 FALSE），由本系统对用户坐标系进行持续定义。

5）oframe：目标坐标系，即当前工件的位置，数据类型为 pose，表示为坐标系原点的位置（x、y 和 z）和方位，坐标系原点位置的单位为 mm，坐标系方位用四元数表示。

举例：

PERS wobjdata wobj2 : = [FALSE, TRUE, "", [[300, 600, 200], [1, 0, 0 ,0]], [[0, 200, 30], [1, 0, 0 ,0]]];

上述指令表示机械臂未夹持着工件；使用固定的用户坐标系；用户坐标系不旋转，且其在大地坐标系中的原点坐标为 $x = 300$mm、$y = 600$mm 和 $z = 200$mm；目标坐标系不旋转，且其在用户坐标系中的原点坐标为 $x = 0$、$y = 200$mm 和 $z = 30$mm。

二、任务实施

（一）作业前准备

1）清理工作台表面，打开本任务的文件压缩包。

2）安全确认。

3）如果使用实际工作站，则调用轨迹工具抓取程序，抓取轨迹工具，并回初始位置。

4）确认机器人初始点。

（二）设置机器人工件坐标系

1）转动机器人控制柜上的模式选择开关，将机器人的操作模式改为手动模式，如图 2-101 所示。

2）用手持握示教器，单击界面左上角的 ABB 菜单，如图 2-102 所示。

机器人工件坐标系示教

图 2-101　步骤 1）

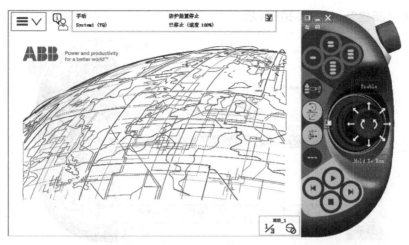

图 2-102 步骤 2）

3）单击"手动操纵"，如图 2-103 所示。

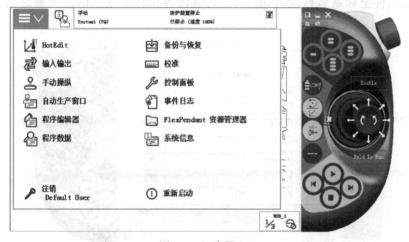

图 2-103 步骤 3）

4）将工具坐标系切换到 guiji，单击"工件坐标"，如图 2-104 所示。

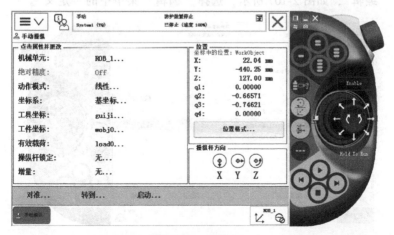

图 2-104 步骤 4）

5）单击"新建"，如图 2-105 所示。

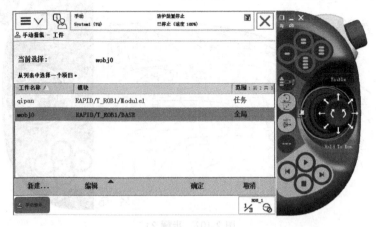

图 2-105　步骤 5)

6）新建工件坐标系名称设为 qipan1，其他内容保持不变，单击"确定"，如图 2-106 所示。

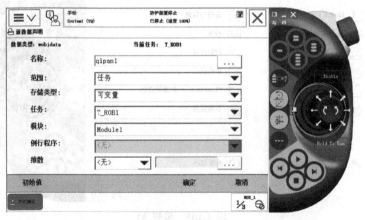

图 2-106　步骤 6)

7）单击"编辑"，如图 2-107 所示，选择"编辑"菜单中的"定义"。

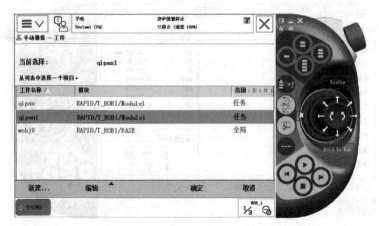

图 2-107　步骤 7)

8）"用户方法"选择"3点"，如图 2-108 所示。

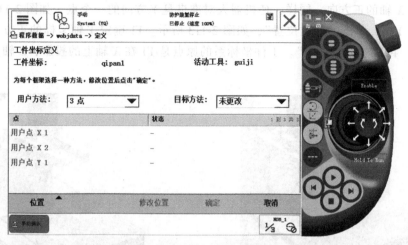

图 2-108 步骤 8）

9）使机器人对准棋盘上的第一个点，如图 2-109 所示。在示教器的界面上选中"用户点 X2"，单击"修改位置"，记录工件 X 轴坐标的第一个点，如图 2-110 所示。

图 2-109 步骤 9）（一）

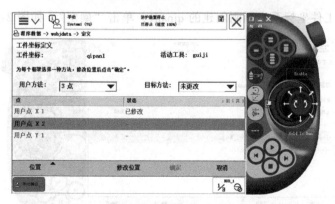

图 2-110 步骤 9）（二）

10）依次使机器人对准棋盘 X 方向的第二个点，如图 2-111 所示。在示教器的界面上选中"用户点 X2"，单击"修改位置"，记录工件 X 轴坐标的方向，X1 指向 X2 的方向确定为工件坐标系 X 轴的正方向。同样，使机器人对准棋盘 Y 方向的一个点，如图 2-112 所示。选中"用户点 Y1"，单击"修改位置"，如图 2-113 所示。Y1 确定 Y 轴坐标的正方向，最后单击"确定"。再次单击"确定"。工件坐标系的原点是 Y1 在 X 轴上的投影，Z 轴方向采用右手法则确定。

图 2-111　步骤 10）（一）

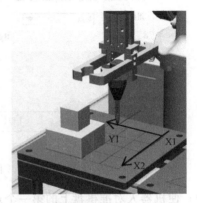

图 2-112　步骤 10）（二）

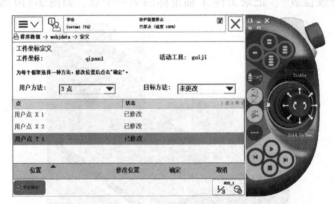

图 2-113　步骤 10）（三）

（三）验证

1）选择当前工件坐标系为刚刚创建的 qipan1，单击"确定"，如图 2-114 所示。

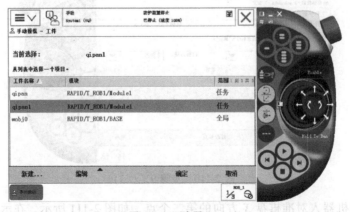

图 2-114　步骤 1）

2）将动作模式切换为线性，单击"坐标系"，如图 2-115 所示。

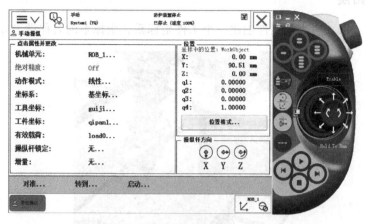

图 2-115　步骤 2）

3）选中"工件坐标"，单击"确定"，如图 2-116 所示。

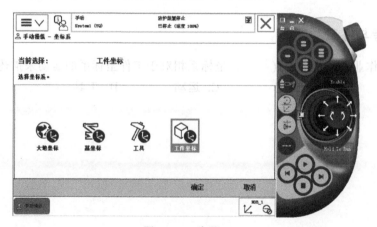

图 2-116　步骤 3）

4）此时，手动操纵的动作模式及坐标系的选择如图 2-117 所示。在示教器上按下使能按钮，操纵摇杆，可发现机器人此时的 X、Y、Z 的方向与之前示教的工件坐标系的方向一致，如图 2-118 所示。

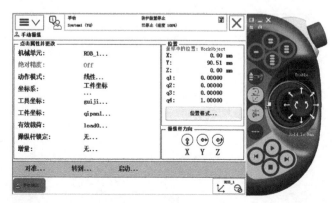

图 2-117　步骤 4）（一）

图 2-118　步骤 4）（二）

三、任务拓展

如图 2-119 所示，为棋盘工件创建一个工件坐标系，坐标系的名称设为 qipan2。

图 2-119 创建工件坐标系

四、思考与练习

机器人的作业路径通常用（　　　）坐标系相对于工件坐标系的运动来描述。

A. 手爪　　　　　B. 固定　　　　　C. 运动　　　　　D. 工具

项目三

基本程序及运动指令的编辑

知识目标

1. 掌握 RAPID 程序的构成及特点。
2. 掌握程序数据的类型、范围和性质。

技能目标

1. 能够使用基本运动指令进行机器人画图轨迹示教。
2. 能够使用偏移函数进行轨迹示教。

任务一　机器人画图轨迹示教

一、相关知识

（一）RAPID 程序的构成

一个 ABB 机器人的 RAPID 程序称为一个任务（Task），程序由模块（Modules）组成，如图 3-1 所示。而模块可以分为用户建立的程序模块和系统模块。简单机器人系统的 RAPID 程序通常只有一个任务，但在多机器人复杂系统中，可以通过多任务控制软件同步执行多个任务。

程序模块（Program module）是由编程人员根据作业要求编制的，多个程序模块可以存在于一个任务中。含有登录程序，即主程序的模块称为主模块（Main module），其他可被调用的程序称为子程序。在所有模块中，有且仅有一个主程序。RAPID 子程序又可分为普通程序 PROC、功能程序 FUNC 和中断程序 TRAP。程序（Routine）和程序数据（Program data）组成程序模块的内容。

主程序及大部分用户子程序均为普通程序 PROC。普通程序可以被调用，但无返回结果。功能程序 FUNC 带返回值，常常用于运算、比较等。可以调用功能程序进行运算，但必须给功能程序赋予参数。中断程序 TRAP 是用来处理异常情况的特殊程序。当中断条件满足

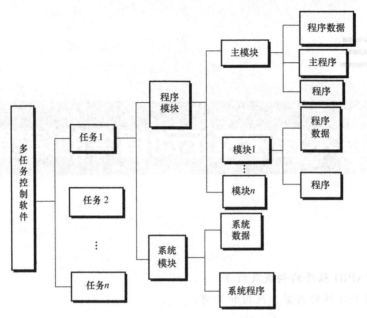

图 3-1　ABB 机器人 RAPID 程序的构成

时，系统立即调用中断程序。

系统模块（System module）是由机器人生产厂家编制的，用户无须修改系统模块。系统模块用来定义工业机器人的功能和系统参数。ABB 机器人自带两个系统模块：user 模块与 BASE 模块，如图 3-2 所示。系统模块由程序（Routine）和系统数据（System data）组成，可在系统启动时自动加载。即使删除用户程序，系统模块仍将保留。

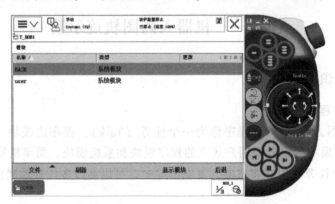

图 3-2　ABB 机器人自带的系统模块

（二）运动指令

运动轨迹是机器人为完成某一作业任务，TCP 所掠过的路径。而运动指令是实现机器人运动形式的指令。ABB 机器人主要有四种运动指令：关节运动指令（MoveJ）、线性运动指令（MoveL）、圆弧运动指令（MoveC）和绝对位置运动指令（MoveAbsJ）。

1. 关节运动指令

当对运动路径精度要求不高时，机器人 TCP 从一个点移动到另外一个点的运动路径不一定是直线，而是机器人自己规划的一条路径，如图 3-3 所示。当机器人进行大范围运动时，宜采用此指令。其优点是运动迅速，且不容易到达机器人的极限位置或出现奇异点。

（1）编程示例

MoveJ pHome，v200，z50，guiji；

上述指令使机器人采用关节运动方式移至 pHome 点。

（2）指令的标准格式

MoveJ［\Conc］ToPoint［\ID］Speed［\V］|［\T］Zone［\Z］［\Inpos］Tool［\WObj］［\TLoad］

1）［\Conc］的数据类型为 switch，用于设定当机械臂正在运动时，是否执行后续指令。通常不使用此参数。

2）ToPoint 的数据类型为 robtarget，是机器人和外部轴的目标点。其位置有两种记录方式，可以定义为已命名的位置，也可以在指令中加"*"标记直接存储在指令中。

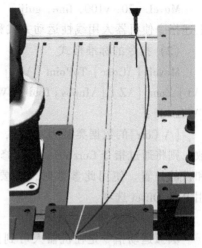

图 3-3　MoveJ 指令运动路径

3）［\ID］的数据类型为 identno，在需要协调同步运动时使用。

4）Speed 的数据类型为 speeddata，是机器人运动的速度数据，包含关于 TCP、工具方位调整和外部轴速度的参数。既可以用默认的 VXX 参数，也可以自己定义速度数据存储在程序数据中，并在指令中使用。

5）［\V］的数据类型为 num，该参数用于设定指令中 TCP 的速度，单位为 mm/s。

6）［\T］的数据类型为 num，该参数用于设定机械臂运动的总时间，单位为 s。

7）Zone 的数据类型为 zonedata，是转角区域数据。该数据描述了所生成转弯路径的大小，可定义为 ZXX、fine 或者自定义数据，Z 后的 XX 代表转弯的半径大小，fine 指机器人 TCP 精确到达目标点，并在此点速度降为零。

8）［\Z］的数据类型为 num，该参数用于设定指令中 TCP 的位置精度，单位为 mm。

9）［\Inpos］的数据类型为 stoppointdata，该参数用于设定在停止点 TCP 位置的收敛准则。

10）Tool 的数据类型为 tooldata，指机器人运动时正在使用的工具坐标系。工具坐标系原点是机器人移动的轨迹点。

11）［\WObj］的数据类型为 wobjdata，指机器人目标位置的工件坐标系。若不选定工件坐标系，则默认位置与大地坐标系相关。如果使用固定式 TCP 或协调动作的外部轴，则必须指定此参数。

12）［\TLoad］的数据类型为 loaddata，用于定义移动中使用的总负载。总负载就是机器人工具负载加上工具作业的有效负载。

2. 线性运动指令（MoveL）

线性运动是指机器人的 TCP 从起点到终点之间的路径一直保持为直线，一般在机器人作业位置等对路径要求高的场合使用线性运动指令，如图 3-4 所示。该指令一般适用于空间直线距离不是太远的路径，线性运动过程中容易出现奇异点，导致程序无法正常运行。

（1）编程示例

MoveL p20，v100，fine，guiji；

上述指令使机器人用线性运动方式移至 p20 点。

（2）指令的标准格式

MoveL［\Conc］ToPoint［\ID］Speed［\V］|
［\T］Zone［\Z］［\Inpos］Tool［\WObj］［\Corr］
［\TLoad］；

［\Corr］的数据类型为 switch，如果存在此参
数，则将通过指令 CorrWrite 写入修正数据到路径
和目的位置。使用此参数时，需要 RobotWare 使
用 Path Offset 选项。

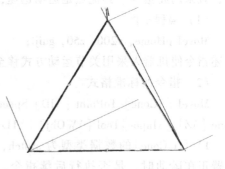

图 3-4　MoveL 指令运动路径

3. 圆弧运动指令（MoveC）

圆弧运动指令是在机器人可到达的空间范围内定义三个位置点：第一个点是圆弧的起
点；第二个点用于圆弧的曲率控制，一般取圆弧的中间点；第三个点是圆弧的终点，如
图 3-5 所示。

（1）编程示例：

MoveC p20，p30，v100，fine，guiji；

上述指令使机器人根据起始位置、p20 和 p30 做圆弧
运动。

（2）指令的标准格式

MoveC［\Conc］CirPoint ToPoint［\ID］Speed
［\V］|［\T］Zone［\Z］［\Inpos］Tool［\WObj］［\
Corr］［\TLoad］；

1）CirPoint 的数据类型为 robtarget，是机器人的
圆弧点，为圆弧起点与终点间的某个位置。如果想得
到精确的圆弧，则最好把该点放在圆弧起点与终点的
正中间。如果该点太靠近起点或终点，则示教器会发出警告。

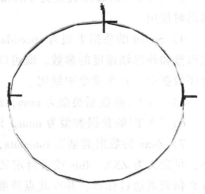

图 3-5　MoveC 指令运动路径

2）其余参数的具体解释可参看 MoveJ 指令。

4. 绝对位置运动指令（MoveAbsJ）

绝对位置运动是指在机器人运动时使用系统中所有轴的角度值来定义目标位置。绝对位
置运动与关节运动的路径规划相似。因为 MoveAbsJ 指令不关联笛卡儿坐标系的动作，所以
常用于使机器人回到特定的位置（如机械零点）。

（1）编程示例

MoveAbsJ p50，v1000，z50，，guiji；

上述指令使机器人用非线性运动方式移至绝对轴位置 p50。

（2）指令的标准格式

MoveAbsJ［\Conc］ToJointPos［\ID］［\NoEOffs］Speed［\V］|［\T］Zone［\Z］［\Inpos］
Tool［\WObj］［\TLoad］

1）ToJointPos 的数据类型为 jointtarget，是机械臂和外部轴的绝对角度位置。

2）［\NoEOffs］的数据类型为 switch。如果设置了 \NoEOffs，机器人运动将不受外部轴有效偏移量的影响。

3）其余参数的具体解释可参看 MoveJ 指令。

二、任务实施

如图 3-6 和图 3-7 所示，采用画笔工具在线示教方式为机器人进行画图轨迹示教。示教目标点说明见表 3-1。

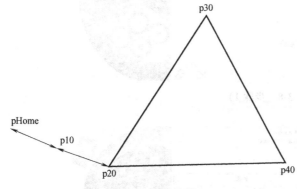

图 3-6 画图轨迹

图 3-7 画图轨迹示教

表 3-1 示教目标点说明

序号	目标点	描述	示教方法
1	pHome	机器人安全位置	MoveJ
2	p10	作业接近点	MoveJ
3	p20	作业开始点	MoveL
4	p30	作业点	MoveL
5	p40	作业点	MoveL
6	p20	作业结束点	MoveL
7	p10	作业离开点	MoveL
8	pHome	机器人原点	MoveJ

（一）作业前准备

1）清理工作台表面，打开本任务的文件压缩包。

2）安全确认。

3）如果使用实际工作站，则调用轨迹工具抓取程序，抓取轨迹工具，并回初始位置。

4）确认机器人初始点。

机器人画图轨迹示教

（二）作业程序

1）单击界面左上角的 ABB 菜单，再单击"程序编辑器"，如图 3-8 所示。

2）单击"文件"菜单中的"新建模块"，如图 3-9 所示。

3）单击"是"按钮，如图 3-10 所示。

4）新模块的名称采用默认的 Module1，单击"确定"，如图 3-11 所示。

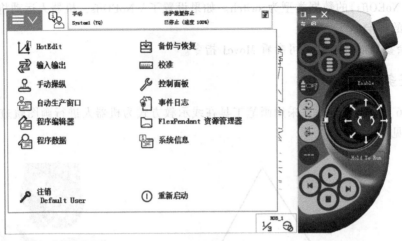

图 3-8　步骤 1)

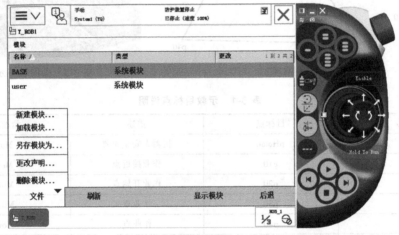

图 3-9　步骤 2)

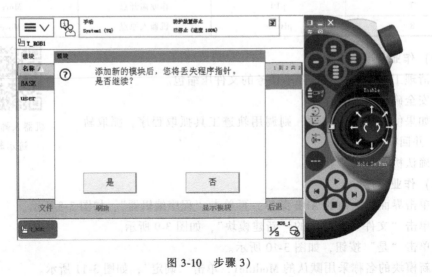

图 3-10　步骤 3)

图 3-11　步骤 4)

5) 选中 Module1 模块，单击"显示模块"，如图 3-12 所示。

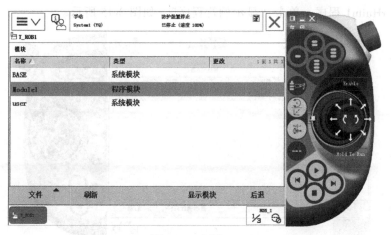

图 3-12　步骤 5)

6) 单击"文件"菜单中的"新建例行程序"，如图 3-13 所示。

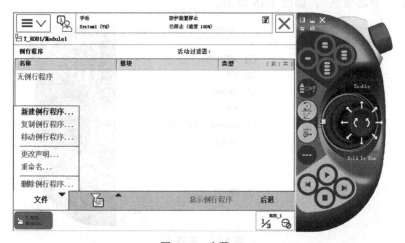

图 3-13　步骤 6)

7）新建一个名称为 rHuitu1 的例行程序，单击"确定"，如图 3-14 所示。

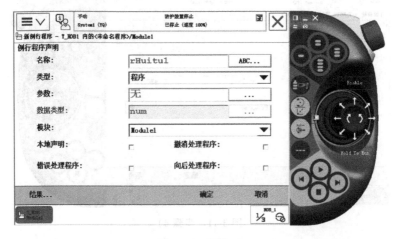

图 3-14　步骤 7）

8）选中 rHuitu1 程序，单击"显示例行程序"，如图 3-15 所示。

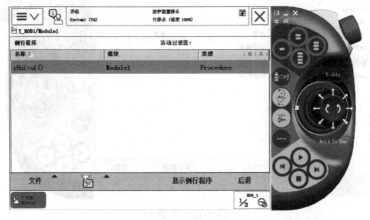

图 3-15　步骤 8）

9）单击"手动操纵"，如图 3-16 所示。

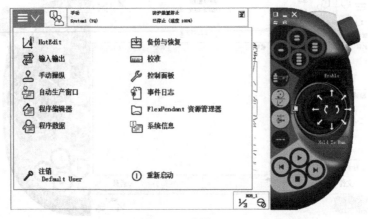

图 3-16　步骤 9）

10）单击"工具坐标"，如图3-17所示。

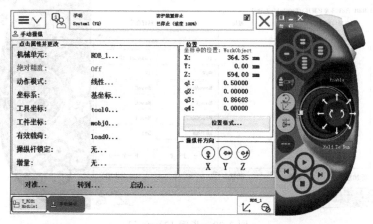

图3-17　步骤10）

11）选择guiji，并单击"确定"，如图3-18所示。

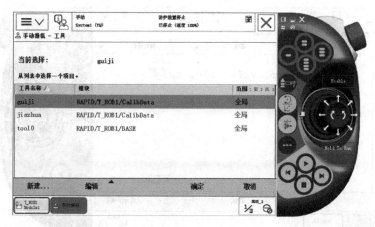

图3-18　步骤11）

12）在机器人的初始位置记录pHome点，如图3-19所示。单击"添加指令"，再单击右侧的"MoveJ"按钮，如图3-20所示。

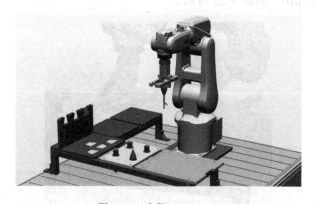

图3-19　步骤12）（一）

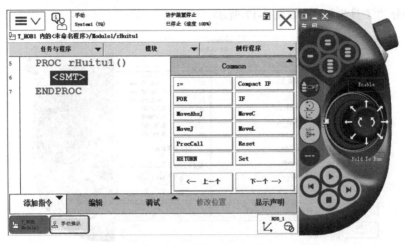

图 3-20　步骤 12)（二）

13）编辑指令，如图 3-21 所示。

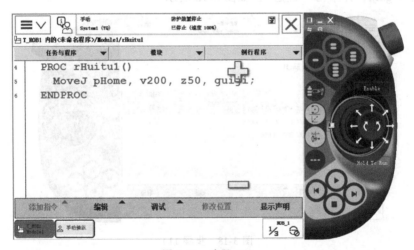

图 3-21　步骤 13)

14）移动机器人工具笔尖至三角形顶点上方，如图 3-22 所示。在示教器的界面上单击"添加指令"，记录为 p10，如图 3-23 所示。

图 3-22　步骤 14)（一）

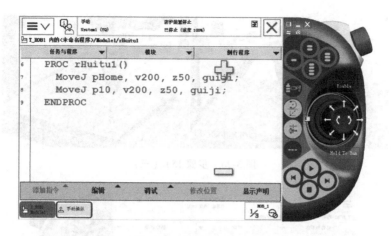

图 3-23 步骤 14）（二）

15）移动机器人至三角形第一个顶点，如图 3-24 所示。在示教器的界面上单击"添加指令"，记录为 p20，如图 3-25 所示。此后，依次添加三角形另外两个点，如图 3-26 和图 3-27 所示。

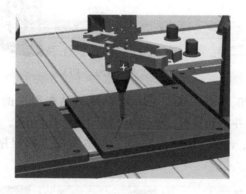

图 3-24 步骤 15）（一）

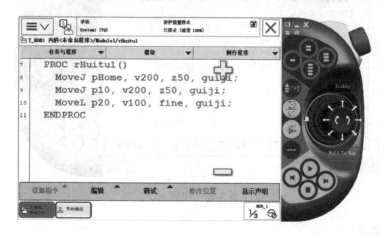

图 3-25 步骤 15）（二）

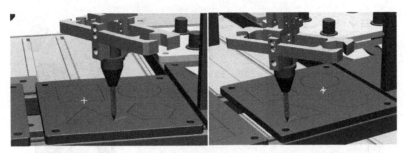

图 3-26　步骤 15)（三）

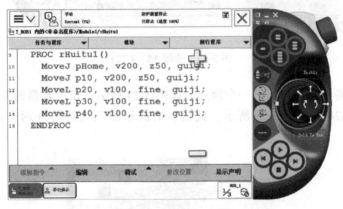

图 3-27　步骤 15)（四）

16）复制"MoveL p20，v100，fine，guiji；"，并粘贴在程序的最后一行。复制"MoveJ p10，v200，z50，guiji；"，并将其中的"MoveJ"修改为"MoveL"，然后粘贴在程序的最后一行。复制"MoveJ pHome，v200，z50，guiji；"，并粘贴在当前程序的最后一行，如图 3-28 所示。

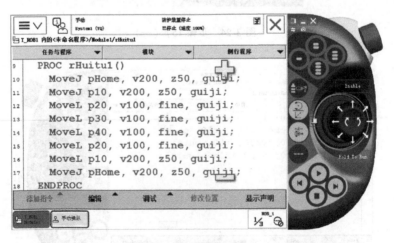

图 3-28　步骤 16)

全部程序如下：

PROC rHuitu1 （）

MoveJ pHome，v200，z50，guiji；

MoveJ p10，v200，z50，guiji；

MoveL p20，v100，fine，guiji；

MoveL p30，v100，fine，guiji；

MoveL p40，v100，fine，guiji；

MoveL p20，v100，fine，guiji；

MoveL p10，v200，z50，guiji；

MoveJ pHome，v200，z50，guiji；

ENDPROC

（三）检查试运行

1）单击"调试"中的"PP 移至例行程序"按钮，如图 3-29 所示。

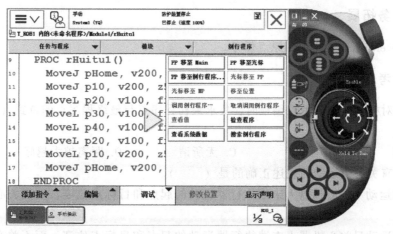

图 3-29　步骤 1）

2）选择 rHuitu1 程序，单击"确定"，如图 3-30 所示。

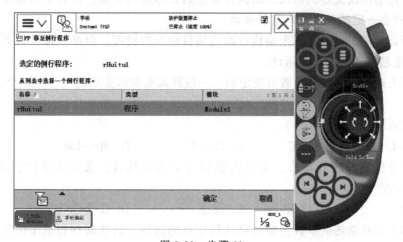

图 3-30　步骤 2）

3）可以看见紫色的程序指针停在程序的第一行。此时，按下使能按钮，并按步进键，逐步运行程序，如图 3-31 所示。

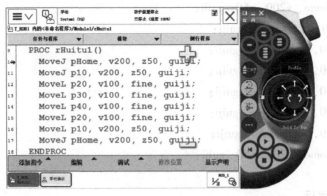

图 3-31 步骤 3)

三、任务拓展

采用 MoveAbsJ 指令完成回原点任务。

四、思考与练习

1. 通常对机器人进行示教编程时，要求最初程序点与最终程序点的位置（   ），可提高工作效率。

A. 相同   B. 不同   C. 无所谓   D. 距离越大越好

2. 下面有关关节运动的表述正确的是（   ）。

A. 关节运动不关心机器人末端执行器运动的起点和目标点位姿，而只关心两点之间的运动轨迹。

B. 关节运动只关心机器人末端执行器运动的起点和目标点位姿，而不关心两点之间的运动轨迹。

C. 关节运动不仅关心机器人末端执行器达到目标点的精度，而且必须保证机器人能沿所期望的轨迹在一定精度范围内重复运动。

D. 关节运动不关心机器人末端执行器达到目标点的精度，但必须保证机器人能沿期望的轨迹在一定精度范围内重复运动。

3. 机器人运动轨迹是由示教点决定的，一段圆弧至少需要示教（   ）个点。

A. 2   B. 5   C. 4   D. 3

4. 圆弧运动指令为（   ）。

A. MoveL   B. MoveC   C. MoveP   D. MoveLW

5. 对工业机器人进行编程，主要内容包含①运动轨迹；②作业条件；③作业顺序；④插补方式中的（   ）。

A. ①②   B. ①②③   C. ①③   D. ①②③④

6. 机器人运动轨迹的示教主要是确认程序点的属性，这些属性包括①位置坐标；②插补方式；③再现速度；④作业点/空走点中的（   ）。

A. ①②   B. ①②③   C. ①③   D. ①②③④

7. 完成图 3-32 所示的画图轨迹示教。

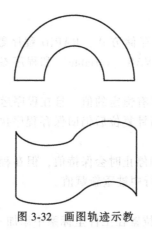

图 3-32 画图轨迹示教

任务二 机器人偏移轨迹示教

一、相关知识

（一）程序数据

程序数据是在程序模块或系统模块中设定的一些数据。程序数据一般可以直接在示教器的程序数据菜单中建立，或者在建立程序指令时，同时自动生成对应的程序数据。

1. 数据类型

ABB 机器人的程序数据类型有 100 种左右，可以根据实际情况创建。根据数据的用途可以定义不同的程序数据类型。表 3-2 所列为部分常用程序数据及其说明。

表 3-2 ABB 机器人常用程序数据及其说明

程序数据	说明	程序数据	说明
bool	布尔量	dionum	数据值代表输入输出数值 0 或 1
clock	计时数据	intnum	中断识别号
extjoint	定义附加轴、定位器或工件机械臂的轴位置	loaddata	负载数据
jointtarget	机械臂和外部轴的各单独轴位置	num	数值数据
mecunit	不同的机械单元数据	pos	位置数据（只有 x、y 和 z）
orient	姿态数据	robjoint	机器人轴角度数据
pose	坐标转换数据	speeddata	机器人与外部轴的速度数据
robtarget	定义机械臂和附加轴的位置数据	tooldata	工具坐标系数据
string	字符串	wobjdata	工件坐标系数据
trapdata	中断数据	zonedata	TCP 转弯半径数据

2. 数据范围

根据使用范围，程序数据可分为全局数据（Global data）、任务数据（Task data）和局部数据（Local data）。

1）全局数据是可供所有的任务、模块和程序使用的数据。全局数据在系统中必须拥有唯一的名称。新建程序数据时，大部分默认为单任务全局数据。

2）任务数据只对该任务所属的模块和程序有效，其他任务中的模块和程序无法调用。

3）局部数据只能被本模块及所属的程序使用，不能被同任务中的其他模块调用。如果系统中存在与局部数据同名的全局数据或任务数据，则优先使用局部数据。

3. 数据性质

根据程序数据的使用方法及存储方式，RAPID 程序数据分为常量 CONST（constant）、可变量 PERS（persistent）、变量 VAR（variable）和程序参数（parameter）四类，其中，程序参数需要在程序声明中定义。

1）常量在系统定义好后就具有恒定的值，且在程序运行中不会改变。

2）可变量的值可以在程序指针复位后仍旧保存程序执行结果，并且可变量的值可以在程序运行中被重新赋值。

3）变量的值在程序执行中和停止时会保持值，但在程序指针复位后变量的值会复位为初始值，变量的值可以在程序运行中被重新赋值。

（二）Offs 函数

Offs 函数用于机器人 TCP 点位置在工件坐标系中添加一个偏移量。

（1）编程示例

MoveJ Offs（p60,0,0,-100），v200，z50，guiji\WObj:=qipan；

上述指令将机器人 TCP 移动至 qipan 工件坐标系下 p60 目标点 Z 方向上-100mm 处。

（2）函数的标准格式

Offs（Point XOffset YOffset ZOffset）

1）Point 的数据类型为 robtarget，为待移动的位置数据。

2）XOffset 的数据类型为 num，为工件坐标系中 X 方向的位移数据。

3）YOffset 的数据类型为 num，为工件坐标系中 Y 方向的位移数据。

4）ZOffset 的数据类型为 num，为工件坐标系中 Z 方向的位移数据。

二、任务实施

如图 3-33 所示，使用 Offs 函数，让机器人在棋盘上进行偏移运动。

（一）作业前准备

1）清理工作台表面，打开本任务的文件压缩包。

2）安全确认。

3）如果使用实际工作站，则调用轨迹工具抓取程序，抓取轨迹工具，并回初始位置。

4）确认机器人初始点。

机器人偏移轨迹示教

图 3-33　Offs 函数的应用

（二）作业程序

1）单击界面左上角的 ABB 菜单，再单击"程序编辑器"，如图 3-34 所示。

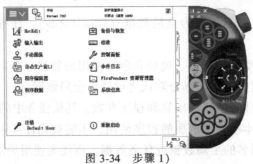

图 3-34　步骤 1）

2）单击"例行程序"，如图 3-35 所示。

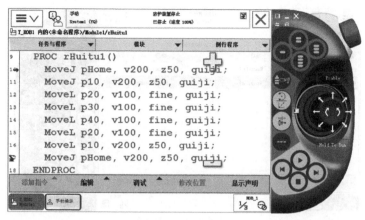

图 3-35 步骤 2)

3）单击"文件"菜单中的"新建例行程序"，如图 3-36 所示。

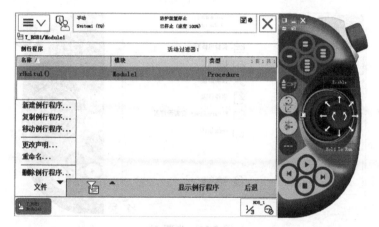

图 3-36 步骤 3)

4）新建 rPianyi 例行程序，并单击"确定"，如图 3-37 所示。

图 3-37 步骤 4)

5）选中 rPianyi 程序，单击"显示例行程序"，如图 3-38 所示。

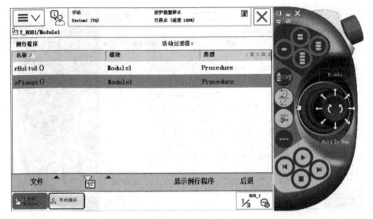

图 3-38　步骤 5）

6）单击"手动操纵"，如图 3-39 所示。

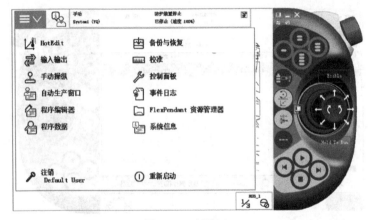

图 3-39　步骤 6）

7）单击"工具坐标"，如图 3-40 所示。

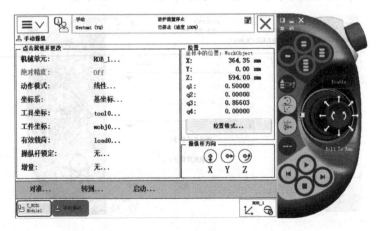

图 3-40　步骤 7）

8）选择 guiji，并单击"确定"，如图 3-41 所示。

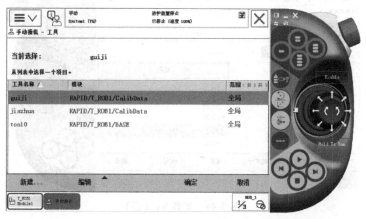

图 3-41　步骤 8）

9）单击"添加指令"，再单击右侧的 MoveJ 按钮，编写机器人回到 pHome 点的指令。程序模块中其他程序已在相同的工具坐标系和工件坐标系下记录 pHome 点，所以可以单击"＊"号，选中已有的全局程序数据 pHome 点，并把它记录到此条程序中。修改其他程序参数，并单击"确定"，如图 3-42～图 3-44 所示。

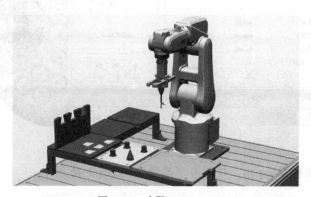

图 3-42　步骤 9）（一）

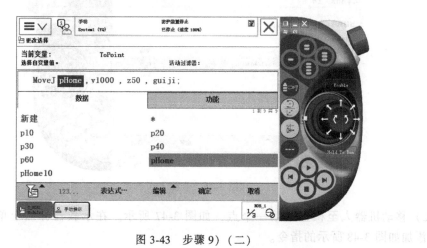

图 3-43　步骤 9）（二）

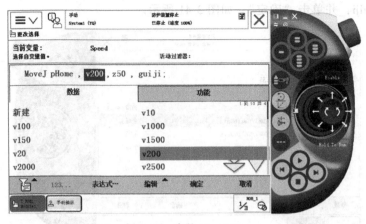

图 3-44　步骤 9)（三）

10）单击"手动操纵"，再单击"工件坐标"，如图 3-45 所示。

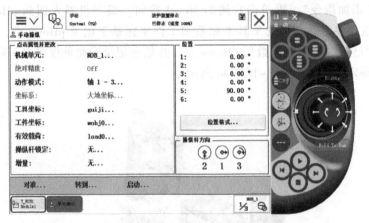

图 3-45　步骤 10)

11）选择工件坐标系 qipan，并单击"确定"，如图 3-46 所示。

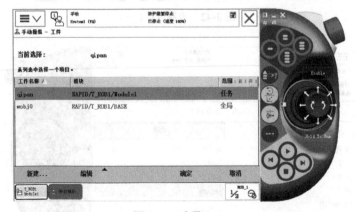

图 3-46　步骤 11)

12）移动机器人至棋盘上第一个点，如图 3-47 所示。在示教器界面上单击"添加指令"，添加如图 3-48 所示的指令。

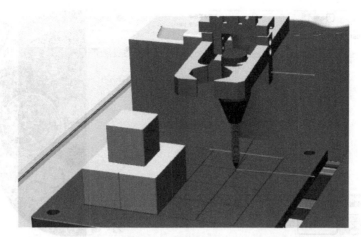

图 3-47　步骤 12)(一)

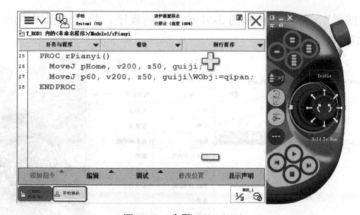

图 3-48　步骤 12)(二)

13)双击第二条指令,进入编辑页面,如图 3-49 所示。选中"功能"中的 Offs 功能,编辑如图 3-50 所示的程序。当前编程采用 qipan 工件坐标系,该坐标系的 Z 轴正方向为指向棋盘的方向,因此,想让机器人先偏移至棋盘上方的点,需要设定 Z 坐标为-100。

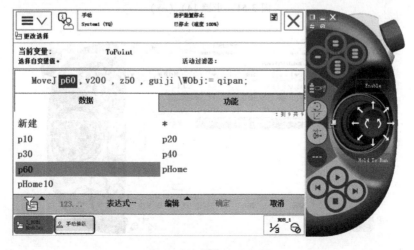

图 3-49　步骤 13)(一)

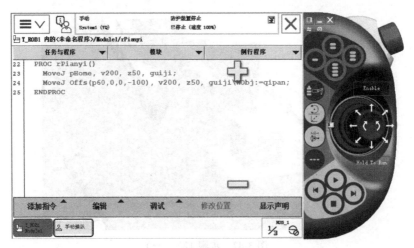

图 3-50　步骤 13)（二）

14）单击"编辑"，复制和粘贴图 3-51 中所示的程序，并将该程序中的"MoveJ"更改为"MoveL"，如图 3-52 所示。

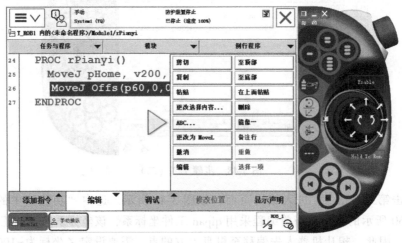

图 3-51　步骤 14)（一）

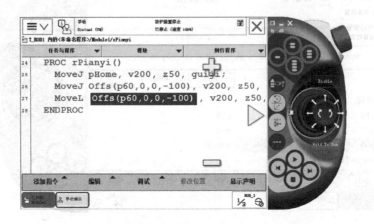

图 3-52　步骤 14)（二）

15）单击"Offs（p60，0，0，-100）"，选中数据，如图 3-53 所示。更改此处为"p60"，并更改程序数据，如图 3-54 所示。

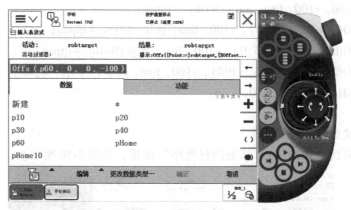

图 3-53 步骤 15）（一）

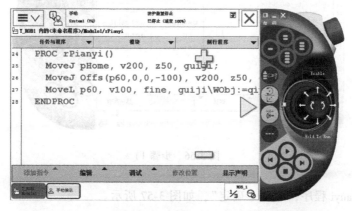

图 3-54 步骤 15）（二）

16）继续单击"编辑"，复制、粘贴并修改程序参数，继续添加如图 3-55 所示的程序。

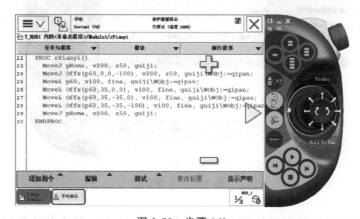

图 3-55 步骤 16）

全部程序如下：

PROC rPianyi( )

MoveJ pHome, v200, z50, guiji;

MoveJ Offs(p60,0,0,-100), v200, z50, guiji\WObj:=qipan;

MoveL p60, v100, fine, guiji\WObj:=qipan;

MoveL Offs(p60,35,0,0), v100, fine, guiji\WObj:=qipan;

MoveL Offs(p60,35,-35,0), v100, fine, guiji\WObj:=qipan;

MoveL Offs(p60,35,-35,-100), v100, fine, guiji\WObj:=qipan;

MoveJ pHome, v200, z50, guiji;

ENDPROC

(三) 检查试运行

1) 单击"调试"中的"PP 移至例行程序"按钮,如图 3-56 所示。

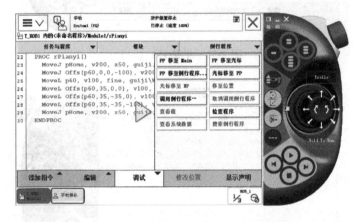

图 3-56　步骤 1)

2) 选择 rPianyi 程序,单击"确定",如图 3-57 所示。

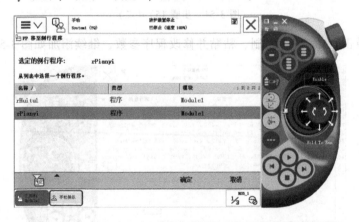

图 3-57　步骤 2)

3) 可以看见紫色的程序指针停在程序的第一行。此时,按下使能按钮,并按步进键,逐步运行程序,如图 3-58 所示。通过观察可以发现,机器人的运动方向是基于当前工件坐标系的。也可打开程序数据,观察 pHome 和 P60 中的数值。

图 3-58　步骤 3)

三、任务拓展

采用 Offs 函数完成三角形图形轨迹的示教。

四、思考与练习

1. Offs 函数用于机器人 TCP 在（　　　）中添加偏移量。

A. 基座坐标系　　　B. 工具坐标系　　　C. 工件坐标系　　　D. 大地坐标系

2. 以下关于可变量 PERS 的说法错误的是（　　　）。

A. 可以在程序运行中被赋值　　　　　B. 程序指针复位后仍保存程序执行结果

C. 定义时可以赋初值　　　　　　　　D. 数据类型只能是整数

项目四

I/O通信指令的设定

知识目标

1. 熟悉工业机器人信号的分类及特点。
2. 掌握工业机器人的基本 I/O 指令。

技能目标

1. 能够正确配置 I/O 信号板及信号。
2. 能够正确使用相关 I/O 指令完成吸盘搬运、夹爪抓取工件任务。

任务一 I/O 通信的设置

一、相关知识

（一）信号的分类

根据信号性质，机器人控制系统的控制信号分为数字量信号（DI/DO）和模拟量信号（AI/AO）两大类。

数字量信号是人为抽象出来的、在时间上不连续的信号，并用 0 和 1 的有限组合来表示电子元器件的通断控制。其信号数值可用 bool 位、二进制或者十六进制数值来描述。

模拟量信号是一种连续的信号。模拟量信号存在于自然界的各个角落，如每天的温度变化、湿度变化、光线变化等，人类直接感受的就是模拟量信号。模拟量信号主要用于辅助作业，如对焊接的电流、电压等的描述。

根据用途不同，机器人控制系统的控制信号还可分为系统内部信号和外部控制信号两大类。

系统内部信号不能连接外部周边设备。系统内部信号可分为系统输入（System Input）信号和系统输出（System Output）信号两类。

系统输入信号用于系统的运行控制，如伺服电动机的起动/停止、程序的运行/停止以及将程序指针移至主程序入口等。系统输入信号的功能一般由系统生产厂家设定。

系统输出信号为系统的运行状态信号，如 Backup Error 为检测到备份失败时设置的信号，Emergency Stop 为系统在相关控制器处于"紧急停止"状态时设置的信号。系统输出信号的功能和状态由系统自动生成，用户不能通过程序改变。

外部控制信号可直接连接机器人的外围电气元器件，信号的地址和名称可由用户定义。外部控制信号需要通过系统的标准 I/O 板进行连接。

（二）信号的连接

ABB 机器人 IRC5 Compact 第二代控制器的外观及 I/O 单元的接线分别如图 4-1 和图 4-2 所示。

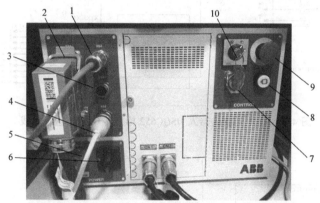

图 4-1　ABB 机器人 IRC5 Compact 第二代控制器的外观

1—示教器电缆接口　2—机器人主电缆　3—力控制选项信号电缆入口（有此功能才有用）

4—SMB 电缆接口　5—220V 电源接入口　6—主电源控制开关　7—机器人本体松刹车按钮

8—机器人伺服电动机上电\复位按钮　9—急停按钮　10—机器人运动模式切换开关

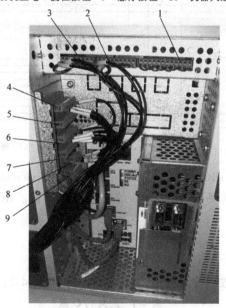

图 4-2　控制柜 I/O 单元

1—安全停止接口　2—急停输入接口 2（ES2）　3—急停输入接口 1（ES1）　4—8 位数字量输入（XS12）

5—8 位数字量输入（XS13）　6—8 位数字量输出（XS14）　7—8 位数字量输出（XS15）　8—24V/0V

电源（XS16）　9—DeviceNet 外部连接口（XS17）

ABB 机器人控制系统 I/O 模块的结构与功能与常规 PLC 的 I/O 模块十分相似，ABB 机器人的标准 I/O 板的输入/输出都是 PNP 类型的，如图 4-3 和图 4-4 所示。

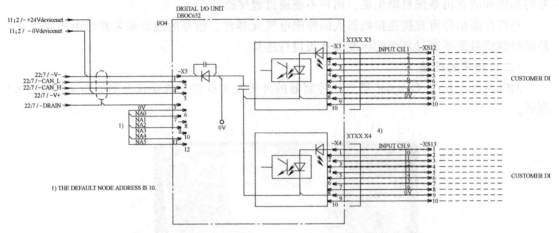

图 4-3　ABB 工业机器人 DSQC652 标准 I/O 板的输入接线

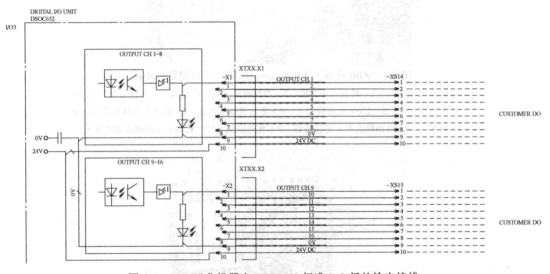

图 4-4　ABB 工业机器人 DSQC652 标准 I/O 板的输出接线

在 ABB 新一代控制柜 IRC5 中，标准 I/O 板可通过 DeviceNet 现场总线和机器人控制器连接，也可以使用总线与现场的 PLC、PC 等进行数据通信。IRC5 控制系统最大可连接的 I/O 点数为 512/512 点。

二、任务实施

定义相应的 I/O 板、数字输入输出信号，见表 4-1 和表 4-2。

表 4-1　定义 I/O 板

I/O 板	总线类型	地址	占用的空间	
			输入	输出
D652_10	DeviceNet	10	2B	2B

表 4-2 定义数字输入输出信号

输入	输出	功能说明	D652 中的地址	
			输入	输出
D652_10_DI1	—	机器人手爪张开检测磁性开关	0	—
D652_10_DI2	—	机器人手爪闭合检测磁性开关	1	—
D652_10_DI3	—	外部停止按钮	2	—
—	D652_10_DO1	气源总电磁阀	—	0
—	D652_10_DO2	真空吸附电磁阀	—	1
—	D652_10_DO3	机器人手爪气缸电磁阀	—	2

（一）作业前准备

1）清理工作台表面，打开本任务的文件压缩包。

2）安全确认。

3）调用吸盘工具抓取程序，抓取吸盘工具，并回初始位置。

4）确认机器人初始点。

I/O 通信的设置

（二）配置 I/O 板

1. 配置 I/O 板（DSQC 652 板）

1）单击示教器界面左上角的 ABB 菜单，单击"控制面板"，如图 4-5 所示。

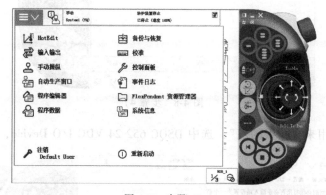

图 4-5 步骤 1）

2）单击"配置"，如图 4-6 所示。

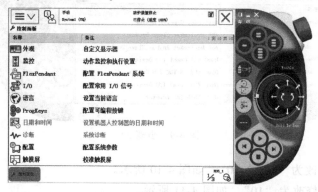

图 4-6 步骤 2）

3）单击 DeviceNet Device，如图 4-7 所示。

图 4-7　步骤 3）

4）单击"添加"，如图 4-8 所示。

图 4-8　步骤 4）

5）单击"使用来自模板的值"，选中 DSQC 652 24 VDC I/O Device，如图 4-9 所示。

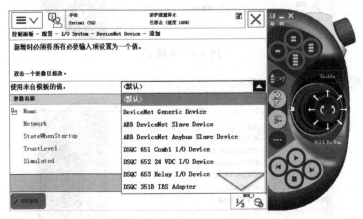

图 4-9　步骤 5）

6）将 Name 修改为"D652_10"，如图 4-10 所示。

7）将 Address 修改为"10"，如图 4-11 所示。

8）单击"确定"，再单击"是"按钮，如图 4-12 所示。

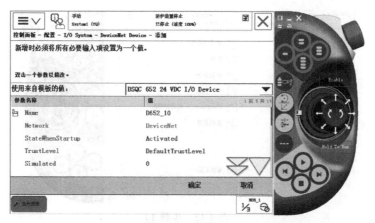

图 4-10　步骤 6)

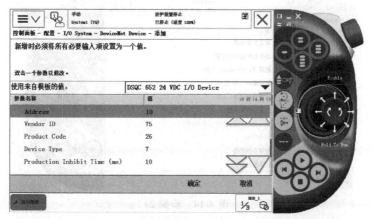

图 4-11　步骤 7)

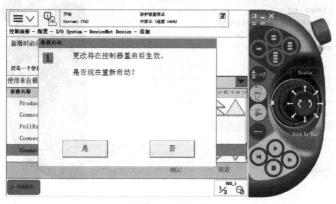

图 4-12　步骤 8)

2. 定义数字输入信号

1）单击示教器界面左上角的 ABB 菜单，单击"控制面板"，如图 4-13 所示。

2）单击"配置"，如图 4-14 所示。

3）单击"Signal"，如图 4-15 所示。

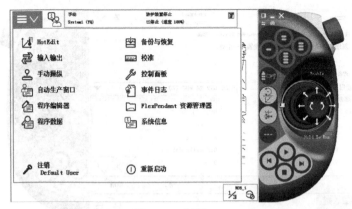

图 4-13　步骤 1)

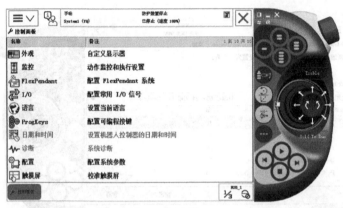

图 4-14　步骤 2)

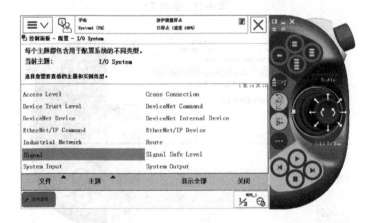

图 4-15　步骤 3)

4）单击"添加"，如图 4-16 所示。

5）根据表格要求依次修改 Name、Type of Signal、Assigned to Device 和 Device Mapping，最后单击"确定"，如图 4-17 所示。

6）单击"否"按钮，继续定义信号 D652_10_DI2 和 D652_10_DI3，如图 4-18 所示。

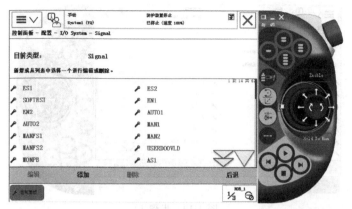

图 4-16 步骤 4)

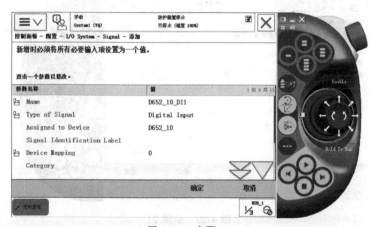

图 4-17 步骤 5)

图 4-18 步骤 6)

3. 定义数字输出信号

1) 单击"添加",如图 4-19 所示。

2) 根据表格要求依次修改 Name、Type of Signal、Assigned to Device 和 Device Mapping, 最后单击"确定",如图 4-20 所示。

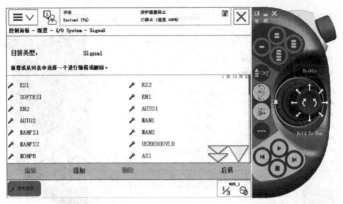

图 4-19　步骤 1)

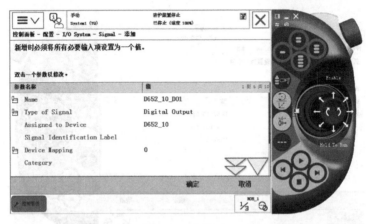

图 4-20　步骤 2)

3) 单击"否"按钮，继续定义信号 D652_10_DO2 和 D652_10_DO3，如图 4-21 所示。

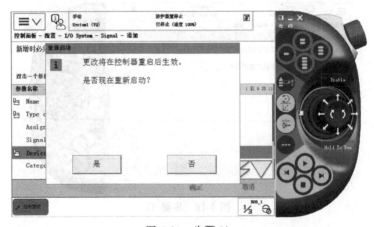

图 4-21　步骤 3)

三、任务拓展

查看帮助文件，定义表 4-3 中所列的组输入和组输出。

表 4-3 定义组输入和组输出

组输入	组输出	设定信号所在的模块	地址	
			输入	输出
GI1	—	D652_10	8~15	—
—	GO1	D652_10	—	8~15

四、思考与练习

1. IRC5 控制系统最大可连接的输入信号位数为_____，最大可连接的输出信号位数为_____。

2. 传送控制字 0、控制字 255 和控制字 300 分别需要定义什么样的信号？

任务二 使用吸盘搬运工件

一、相关知识

（一）Set 指令
Set 指令可将信号的数值设置为 1。

（1）编程示例

Set D652_10_DO1；

上述指令将信号 D652_10_DO1 设置为 1。

（2）指令的标准格式

Set Signal

Signal 的数据类型为 signaldo，是待设置为 1 的信号名称。

（二）Reset 指令
Reset 指令可将信号的数值设置为 0。

（1）编程示例

Reset D652_10_DO1；

上述指令将信号 D652_10_DO1 设置为 0。

（2）指令的标准格式

Reset Signal

Signal 的数据类型为 signaldo，是待重置为零的信号名称。

（三）WaitTime 指令
WaitTime 指令用于设置等待的给定时间。该指令也可用于等待，直至机械臂和外部轴运动停止。

（1）编程示例

WaitTime 0.5；

上述指令设置程序执行等待 0.5s。

（2）指令的标准格式

WaitTime [\InPos] Time

1）[\InPos]. 的数据类型为 switch。如果使用该参数，则在开始统计等待时间之前机械臂和外部轴必须静止。如果本任务控制机械单元，则仅可使用该参数。

2）Time 的数据类型为 num。程序执行等待的最短时间为 0s，最长时间不受限制，数据的分辨率为 0.001s。

二、任务实施

如图 4-22 所示，编制程序，完成如下动作：机器人回原点，吸取一个工件，并搬运至指定地点，放下工件，机器人回原点。

图 4-22　任务实施完成示意

（一）作业前准备

1）清理工作台表面，打开本任务的文件压缩包。

2）安全确认。

3）如果使用实际工作站，则取吸盘工具，并回初始位置。

4）确认机器人初始点。

（二）作业程序

1）单击示教器界面左上角的 ABB 菜单，单击"程序编辑器"，如图 4-23 所示。

使用吸盘搬运工件

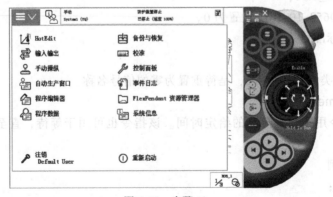

图 4-23　步骤 1）

2）单击"文件"菜单中的"新建模块"，如图 4-24 所示。

图 4-24 步骤 2）

3）单击"是"按钮，如图 4-25 所示。

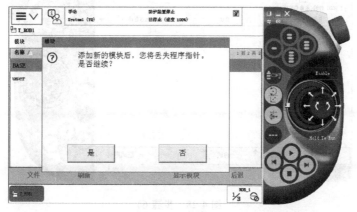

图 4-25 步骤 3）

4）"名称"采用默认的 Module1，单击"确定"，如图 4-26 所示。

图 4-26 步骤 4）

5）选中 Module1 模块，单击"显示模块"，如图 4-27 所示。

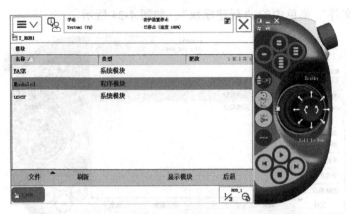

图 4-27 步骤 5)

6）单击"例行程序"，如图 4-28 所示。

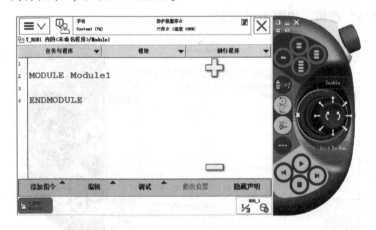

图 4-28 步骤 6)

7）单击"文件"菜单中的"新建例行程序"，如图 4-29 所示。

图 4-29 步骤 7)

8）新建 rBanyun 例行程序，并单击"确定"，如图 4-30 所示。

图 4-30　步骤 8)

9）选中 rBanyun 程序，单击"显示例行程序"，如图 4-31 所示。

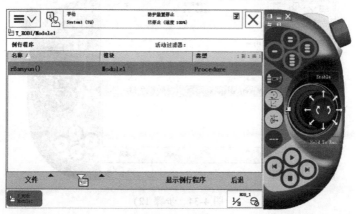

图 4-31　步骤 9)

10）单击"手动操纵"，如图 4-32 所示。

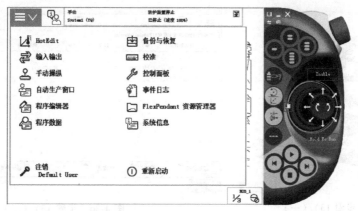

图 4-32　步骤 10)

11）单击"工具坐标"，如图 4-33 所示。

12）选择 xipan，并单击"确定"，如图 4-34 所示。

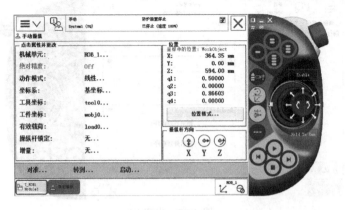

图 4-33　步骤 11)

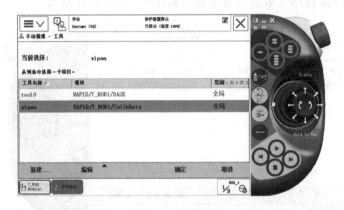

图 4-34　步骤 12)

13）切换至程度编辑器页面，在机器人的初始位置记录 pHome 点。单击"添加指令"，再单击右侧的"MoveJ"按钮，如图 4-35 和图 4-36 所示。

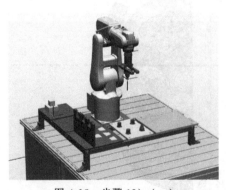

图 4-35　步骤 13)（一）

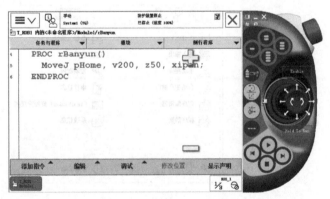

图 4-36　步骤 13)（二）

14）单击"手动操纵"，如图 4-37 所示。

15）单击"工件坐标"，如图 4-38 所示。

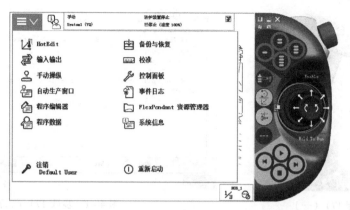

图 4-37　步骤 14)

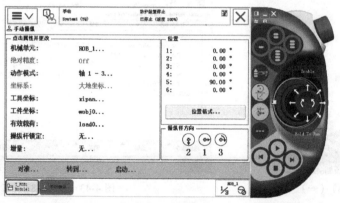

图 4-38　步骤 15)

16) 选择 qipan，并单击"确定"，如图 4-39 所示。

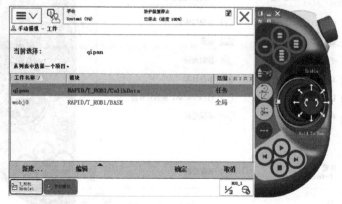

图 4-39　步骤 16)

17) 移动机器人至工件上方第一个点 p10，如图 4-40 所示。单击"添加指令"，添加如图 4-41 所示指令。打开气源总阀，记录位置点。

18) 移动机器人至吸取点，如图 4-42 所示。打开真空吸附电磁阀，并记录此位置点为 p20，如图 4-43 所示。

图 4-40　步骤 17）（一）

图 4-41　步骤 17）（二）

图 4-42　步骤 18）（一）

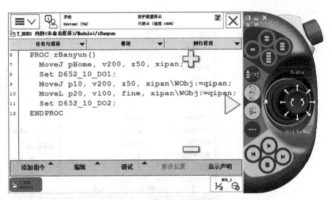

图 4-43　步骤 18）（二）

19）单击"输入输出"，如图 4-44 所示。

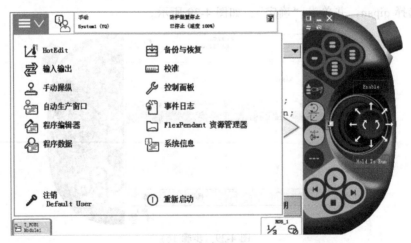

图 4-44　步骤 19）

20）选择数字输出，如图 4-45 所示。

21）手动将"D652_10_DO1""D652_10_DO2"的值设为 1，如图 4-46 所示。

22）移动机器人至上方，如图 4-47 所示。并记录该点为 p30，如图 4-48 所示。

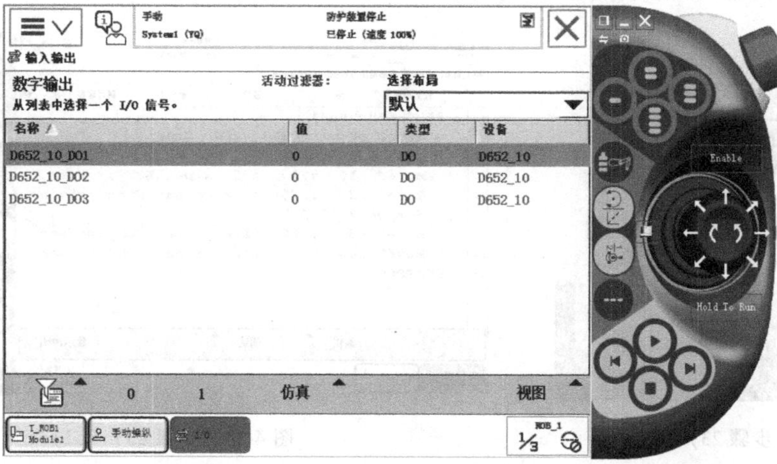

图 4-45　步骤 20)

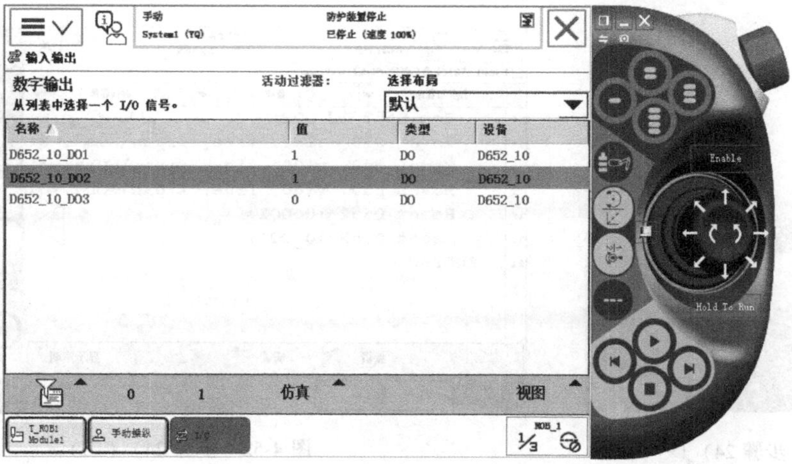

图 4-46　步骤 21)

图 4-47　步骤 22)（一）

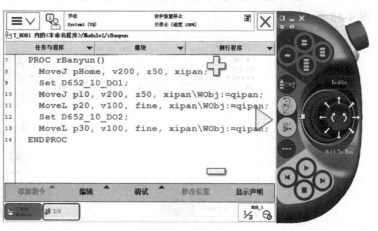

图 4-48　步骤 22)（二）

23）移动机器人至放料点上方，如图 4-49 所示。并记录该点为 p40，如图 4-50 所示。

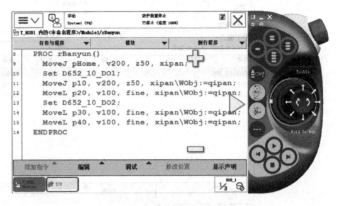

图 4-49　步骤 23）（一）　　　　　　　　图 4-50　步骤 23）（二）

24）移动机器人至放料点，如图 4-51 所示。记录该点为 p50，并关闭真空吸附电磁阀和气源总阀，如图 4-52 所示。

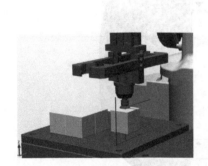

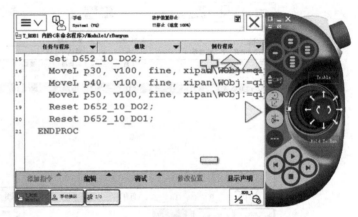

图 4-51　步骤 24）（一）　　　　　　　　图 4-52　步骤 24）（二）

25）单击"输入输出"，手动将"D652_10_DO1""D652_10_DO2"的值设为 0，如图 4-53 所示。

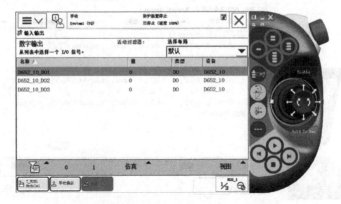

图 4-53　步骤 25）

26）复制回 p40 和 pHome 点的指令，如图 4-54 所示。

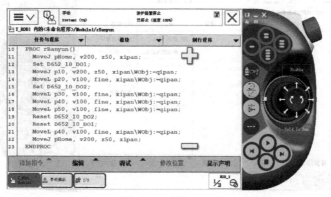

图 4-54 步骤 26）

全部程序如下：

PROC rBanyun( )

    MoveJ pHome, v200, z50, xipan;

    Set D652_10_DO1;

    MoveJ p10, v200, z50, xipan \ WObj: = qipan;

    MoveL p20, v100, fine, xipan \ WObj: = qipan;

    Set D652_10_DO2;

    MoveL p30, v100, fine, xipan \ WObj: = qipan;

    MoveL p40, v100, fine, xipan \ WObj: = qipan;

    MoveL p50, v100, fine, xipan \ WObj: = qipan;

    Reset D652_10_DO2;

    Reset D652_10_DO1;

    MoveL p40, v100, fine, xipan \ WObj: = qipan;

    MoveJ pHome, v200, z50, xipan;

ENDPROC

（三）检查试运行

1）右击工件，并选择右击菜单中"位置"下的"设定位置"，输入如图 4-55 所示的参数，将工件放回原处。

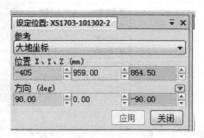

图 4-55 步骤 1）

2）单击"调试"中的"PP 移至例行程序"按钮，如图 4-56 所示。

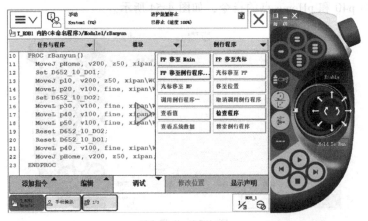

图 4-56 步骤 2)

3)选择 rBanyun 程序,单击"确定",如图 4-57 所示。

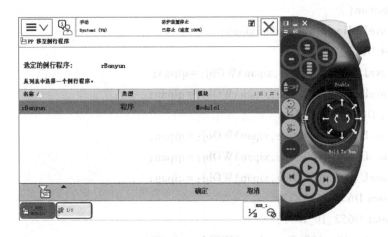

图 4-57 步骤 3)

4)可以看见紫色的程序指针停在程序的第一行。此时,按下使能按钮,并按步进键,逐步运行程序,如图 4-58 所示。

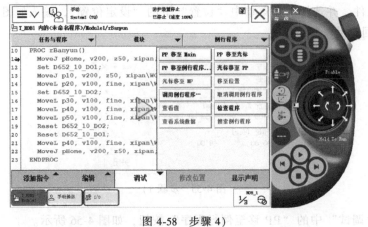

图 4-58 步骤 4)

三、任务拓展

继续编制程序,将工件搬回原处,实现工件的循环搬运。

四、思考与练习

赋值: =指令可以代替 Set 指令或者 Reset 指令吗?

任务三 夹爪抓取工件

一、相关知识

(一) WaitDI 指令

WaitDI 指令用于设置程序等待直到数字输入信号为期待的状态。

(1) 编程示例

WaitDI D652_10_DI1,1;

上述指令设置仅在信号 D652_10_DI1 为 1 后,继续执行程序。

(2) 指令的标准格式

WaitDI Signal Value [\MaxTime] [\TimeFlag]

1) Signal 的数据类型为 signaldi,是输入信号的名称。

2) Value 的数据类型为 dionum,代表信号的期望值。

3) [\MaxTime] 的数据类型为 num,代表允许最长的等待时间,单位为 s。如果该时间之前没有满足条件,则将调用错误处理器,错误代码为 ERR_WAIT_MAXTIME。如果不存在错误处理器,则将停止程序的执行。

4) [\TimeFlag] 的数据类型为 bool。如果在满足条件之前耗尽最长允许时间,则该参数的输出值为 TRUE。如果指令中包含该参数,则不会将耗尽最长时间视为错误。如果指令中不包含 [\MaxTime] 参数,则将忽略该参数。

(二) WaitUntil 指令

WaitUntil 指令用于等待表达式直至满足逻辑条件。

1) 编程示例

WaitUntil D652_10_DI1 = 1;

上述指令设置仅在 D652_10_DI1 的值为 1 后,继续执行程序。

2) 指令的标准格式

WaitUntil [\InPos] Cond [\MaxTime] [\TimeFlag] [\PollRate]

1) [\InPos] 的数据类型为 switch。如果使用该参数,则机械臂和外部轴必须在继续执行之前达到停止点 (当前移动指令的 ToPoint)。如果本任务控制机械单元,则仅可使用该参数。

2) Cond 的数据类型为 bool,为待满足的逻辑表达式。

3) [\MaxTime] 的数据类型为 num,代表允许的最长等待时间,单位为 s。如果该时间之前没有满足条件,则将调用错误处理器,错误代码为 ERR_WAIT_MAXTIME。如果不存在错误处理器,则将停止执行程序。

4) [\TimeFlag] 的数据类型为 bool。如果在满足条件之前耗尽最长允许时间,则该参数的输出值为 TRUE。如果指令中包含该参数，则不会将耗尽最长时间视为错误。如果指令中不包含［\MaxTime］参数，则将忽略该参数。

5）［\PollRate］的数据类型为 num，代表查询率，其单位为 s，用于检查参数 Cond 中的条件是否为 TRUE。这意味着 WaitUntil 指令会首先检查条件，如果为非 TRUE，则在指定的时间后再次进行查询，直至条件为 TRUE。最小查询率为 0.04s。如果未使用该参数，则将采用默认查询率 0.1s。

二、任务实施

如图 4-59 所示，编制程序，完成如下动作：机器人回原点，夹取、搬运一个工件，并将工件搬运至指定地点，放下工件，机器人回原点。

图 4-59 任务实施完成示意

（一）作业前准备

1）清理工作台表面，打开本任务的文件压缩包。
2）安全确认。
3）确认机器人初始点。

（二）作业程序

1）单击示教器界面左上角的 ABB 菜单，单击"程序编辑器"，如图 4-60 所示。

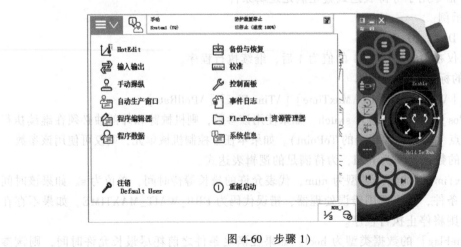

图 4-60 步骤 1)

124

2）单击"例行程序"，如图 4-61 所示。

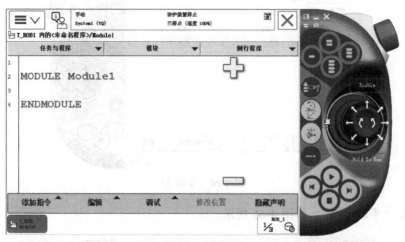

图 4-61　步骤 2)

3）单击"文件"菜单中的"新建例行程序"，如图 4-62 所示。

图 4-62　步骤 3)

4）新建 rZhuaqu 例行程序，并单击"确定"，如图 4-63 所示。

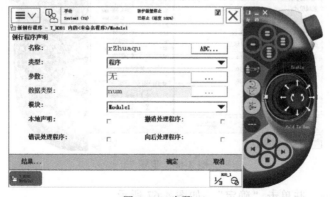

图 4-63　步骤 4)

5）选中 rZhuaqu 程序，单击"显示例行程序"，如图 4-64 所示。

图 4-64　步骤 5)

6）单击"手动操纵"，如图 4-65 所示。

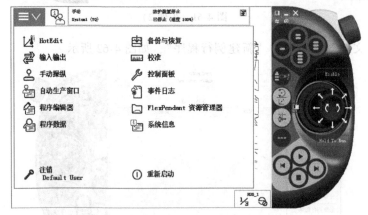

图 4-65　步骤 6)

7）单击"工具坐标"，如图 4-66 所示。

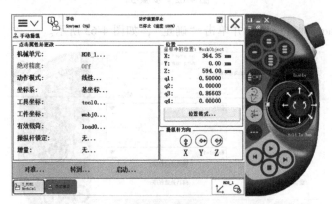

图 4-66　步骤 7)

8）选择 jiazhua，并单击"确定"，如图 4-67 所示。

9）切换至程序编辑器页面，在机器人的初始位置记录 pHome 点，如图 4-68 所示。单击"添加指令"，单击右侧的"MoveJ"按钮，如图 4-69 所示。

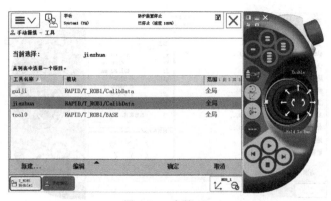

图 4-67 步骤 8)

图 4-68 步骤 9)(一)

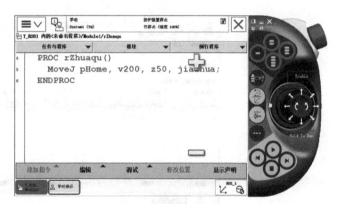

图 4-69 步骤 9)(二)

10)单击"手动操纵",如图 4-70 所示。

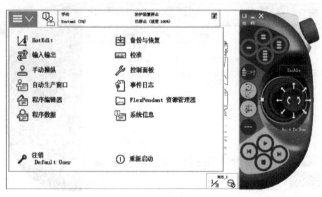

图 4-70 步骤 10)

11)单击"工件坐标",如图 4-71 所示。

12)选择 qipan,并单击"确定",如图 4-72 所示。

13)添加指令"Set D652_10_DO1;",打开气源总电磁阀,添加指令"WaitDI D652_10_DI1,1;",等待机器人手爪磁性开关检测为张开位置,如图 4-73 所示。

14)移动机器人至工件抓取点,并记录此点为 p10,如图 4-74 所示。接近点为 p10 上方

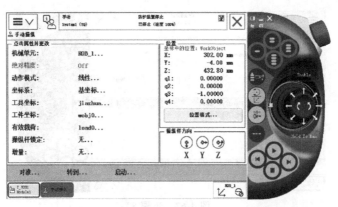

图 4-71　步骤 11)

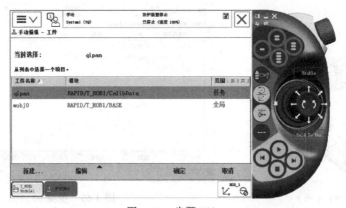

图 4-72　步骤 12)

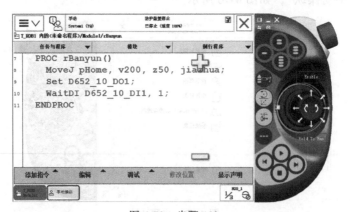

图 4-73　步骤 13)

偏移 100mm 处位置，添加如图 4-75 所示的指令。在此时的工件坐标系中，Z 轴方向为向上，所以偏移值为 100。

15）添加指令"Set D652_10_DO3;"，气爪抓紧，添加指令"WaitDI D652_10_DI2，1;"，磁性开关检测机器人手爪是否为闭合，添加指令"WaitTime 1;"，等待 1s，如图 4-76 和图 4-77 所示。

图 4-74 步骤 14)（一）

图 4-75 步骤 14)（二）

图 4-76 步骤 15)（一）

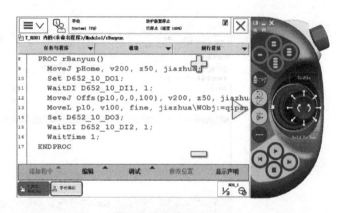

图 4-77 步骤 15)（二）

16）单击"输入输出"，如图 4-78 所示。

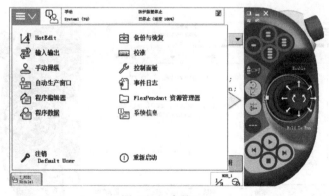

图 4-78 步骤 16)

17）选择"数字输出"，如图 4-79 所示。

18）手动将"D652_10_DO1""D652_10_DO3"的值设为 1，如图 4-80 所示。

19）移动机器人，使夹爪工具离开 p10 上方 100mm 处的位置，添加如图 4-81 所示的指令。

129

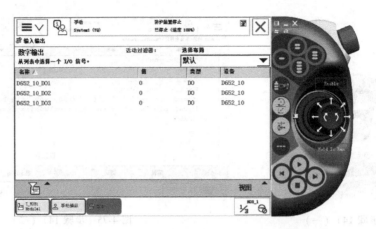

图 4-79　步骤 17）

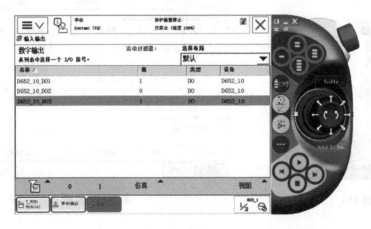

图 4-80　步骤 18）

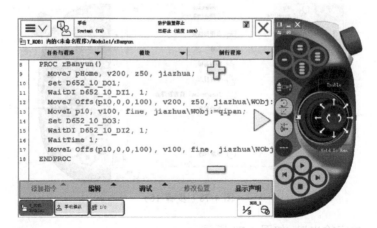

图 4-81　步骤 19）

20）移动机器人至工件放料点，并记录此点为 p20，如图 4-82 所示。放料接近点为 p20 上方 100mm 处的位置，添加如图 4-83 所示的指令。

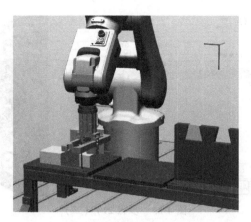

图 4-82　步骤 20)（一）

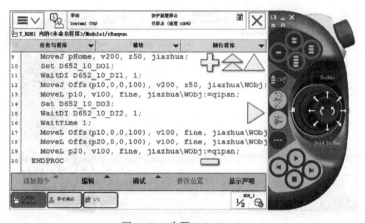

图 4-83　步骤 20)（二）

21）继续添加如图 4-84 所示的指令，气爪松开，复位机器人手爪气缸电磁阀，关闭气源总阀，等待磁性开关检测机器人手爪为张开，等待 1s。并打开"输入输出"，将"D652_10_DO1""D652_10_DO3"的值设为 0，如图 4-85 所示。

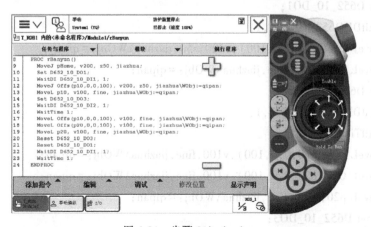

图 4-84　步骤 21)（一）

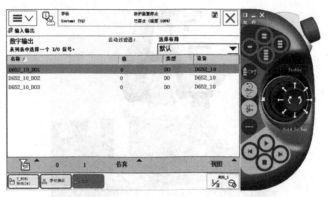

图 4-85　步骤 21）（二）

22）复制回放料接近点和回 pHome 点指令，如图 4-86 所示。

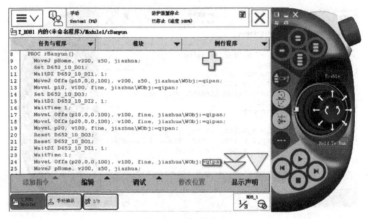

图 4-86　步骤 22）

全部程序如下：

PROC rBanyun（）

　　MoveJ pHome，v200，z50，jiazhua；

　　Set D652_10_DO1；

　　WaitDI D652_10_DI1，1；

　　MoveJ Offs（p10，0，0，100），v200，z50，jiazhua\WObj：=qipan；

　　MoveL p10，v100，fine，jiazhua\WObj：=qipan；

　　Set D652_10_DO3；

　　WaitDI D652_10_DI2，1；

　　WaitTime 1；

　　MoveL Offs（p10，0，0，100），v100，fine，jiazhua\WObj：=qipan；

　　MoveL Offs（p20，0，0，100），v100，fine，jiazhua\WObj：=qipan；

　　MoveL p20，v100，fine，jiazhua\WObj：=qipan；

　　Reset D652_10_DO3；

　　Reset D652_10_DO1；

```
        WaitDI D652_10_DI1,1;
        WaitTime 1;
        MoveL Offs(p20,0,0,100),v100,fine,jiazhua\WObj:=qipan;
        MoveJ pHome,v200,z50,jiazhua;
ENDPROC
```

（三）检查试运行

1）右击工件，在右击菜单中选择"位置"下的"设定位置"，输入如图 4-87 所示的参数，将工件放回原处。

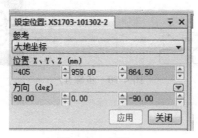

图 4-87 步骤 1)

2）单击"调试"中的"PP 移至例行程序"按钮，如图 4-88 所示。

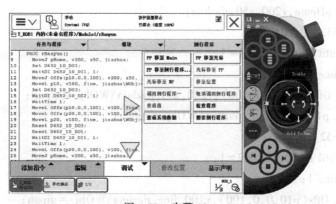

图 4-88 步骤 2)

3）选择 rZhuaqu 程序，单击"确定"，如图 4-89 所示。

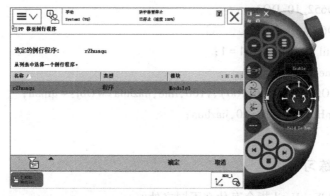

图 4-89 步骤 3)

4）可以看见紫色的程序指针停在程序的第一行。此时，按下使能按钮，并按步进键，逐步运行程序，如图 4-90 所示。

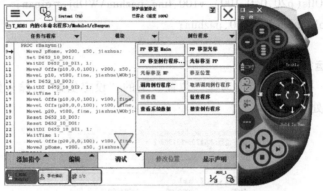

图 4-90　步骤 4)

三、任务拓展

使用 WaitUntil 指令完成夹爪抓取工件的任务，示例程序如下：

```
PROC rZhuaqu2( )
        MoveJ pHome,v200,z50,jiazhua;
        Set D652_10_DO1;
        WaitUntil D652_10_DI1 = 1;
        WaitTime 1;
        MoveJ Offs( p10,0,0,100),v200,z50,jiazhua\WObj: = qipan;
        MoveL p10,v100,fine,jiazhua\WObj: = qipan;
        Set D652_10_DO3;
        WaitUntil D652_10_DI2 = 1;
        WaitTime 1;
        MoveL Offs( p10,0,0,100),v100,fine,jiazhua\WObj: = qipan;
        MoveL Offs( p20,0,0,100),v100,fine,jiazhua\WObj: = qipan;
        MoveL p20,v100,fine,jiazhua\WObj: = qipan;
        Reset D652_10_DO3;
        Reset D652_10_DO1;
        WaitUntil D652_10_DI1 = 1;
        WaitTime 1;
        MoveL Offs( p20,0,0,100),v100,fine,jiazhua\WObj: = qipan;
        MoveJ pHome,v200,z50,jiazhua;
ENDPROC
```

四、思考与练习

WaitDI 指令和 WaitUntil 指令有什么不同之处？

项目五

机器人程序控制指令的设定

知识目标

1. 熟悉 RAPID 程序的控制流程。
2. 熟悉基本程序流程控制指令。

技能目标

1. 能够正确使用程序流程控制指令完成抓取放置吸盘工具程序的编制。
2. 能够正确使用程序流程控制指令完成搬运程序的编制。

任务一　抓取和放置吸盘工具

一、相关知识

(一) 控制程序流程

一般程序都是按顺序执行的。但有时需要指令以中断处理执行以及调用另一指令，以处理执行期间可能出现的各种情况。常见的控制指令见表 5-1。

表 5-1　常见的控制指令

指令类型	指　令	用　途
调用其他程序	ProcCall	调用(跳转至)其他程序
	CallByVar	调用有特定名称的无返回值程序
	RETURN	返回原程序
程序范围内的程序控制	压缩 IF	只有满足条件时才能执行指令
	IF	基于是否满足条件,执行指令序列
	FOR	多次重复一段程序
	WHILE	重复指令序列,直到满足给定条件
	TEST	基于表达式的数值执行不同指令

（续）

指令类型	指 令	用 途
程序范围内的程序控制	GOTO	跳转至标签
	Label	指定标签（线程名称）
终止程序执行过程	Stop	停止程序执行
	EXIT	不允许程序重启时，终止程序执行过程
	Break	为排除故障，临时终止程序执行过程
	SystemStopAction	终止程序执行过程和机械臂移动
终止当前循环	ExitCycle	终止当前循环，将程序指针移至主程序中第一个指令处。选中执行模式 CONT 后，在下一程序循环中继续执行

RAPID 程序的运行常常基于如下五种控制流程：

1）调用另一程序（无返回值程序）并执行该程序后，回到原程序断点处继续执行。

2）基于是否满足给定条件，执行不同指令。

3）多次重复某一指令序列，直到满足给定条件。

4）跳转至同一程序中的某一处标签。

5）终止程序执行过程。

（二）ProcCall 过程调用指令

ProcCall 过程调用指令用于将程序执行转移至另一个无返回值程序。当执行完本无返回值程序后，程序将继续执行 ProcCall 后的指令。

编程示例：

rFuwei；

该指令调用 rFuwei 无返回值程序。rFuwei 为待调用无返回值程序的名称。

（三）IF 指令

IF 指令根据是否满足条件执行不同的指令。

（1）编程示例

IF reg6 > 5 THEN

　　Set DO1；

ELSE

　　Reset DO1；

ENDIF

当 reg6>5 时，信号 DO1 置为 1，否则复位信号 DO1。

（2）指令的标准格式

IF Condition THEN …

｛ELSEIF Condition THEN …｝

［ELSE …］

ENDIF

Condition 的数据类型为 bool，表示若要执行 THEN 和 ELSE/ELSEIF 之间的指令，则必须满足的条件。

（四） Label 指令

Label 指令用于命名程序中的标签。使用 GOTO 指令时，可移动至该程序内的指定标签处执行程序。

编程示例

GOTO point1;

⋮

point1:

跳至 point1 之后的指令，继续执行程序。

（五） GOTO 指令

GOTO 指令用于将程序指针转移到相同程序内的另一标签处。

编程示例

IF D652_10_DI1 = 1 THEN

  GOTO point1;

 ELSE

  GOTO point2;

ENDIF

point1:

MoveJ p10,v200,z50,jiazhua;

point2:

MoveJ p20,v200,z50,jiazhua;

如果 D652_10_DI1 的信号为 1，则将程序指针转移至 point1 标签处；否则，将程序指针转移至 point2 标签处。

（六） 指令例程

1. 作业前准备

1）清理工作台表面，打开例程的文件压缩包。

2）安全确认。

3）确认机器人初始位置，如图 5-1 所示。

抓取和放置
吸盘工具

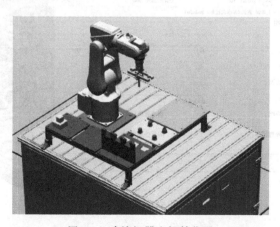

图 5-1　确认机器人初始位置

2. 作业程序

1) 打开 ABB 菜单，选择"程序编辑器"，如图 5-2 所示。

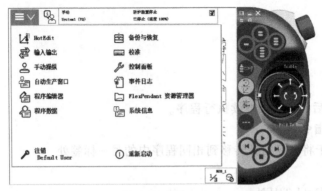

图 5-2 步骤 1)

2) 新建 Module1 模块，如图 5-3 所示。

图 5-3 步骤 2)

3) 在 Module1 模块内新建程序 Routine1，如图 5-4 所示。

图 5-4 步骤 3)

4) 显示 Routine1 例行程序，如图 5-5 所示。

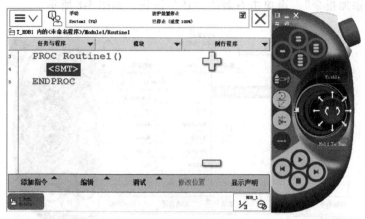

图 5-5　步骤 4)

5) 打开"手动操纵"菜单,切换当前工具坐标系为 jiazhua,如图 5-6 所示。

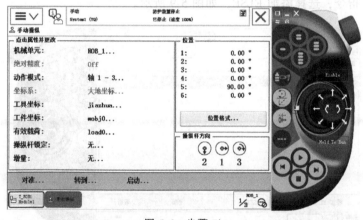

图 5-6　步骤 5)

6) 回到程序界面,添加 MoveJ 指令,把机器人原点记录为 pHome 点,并编辑如图 5-7 所示的程序。

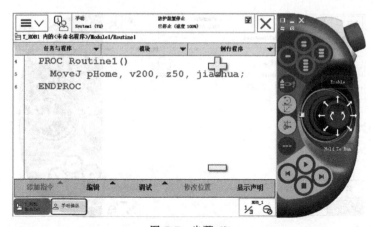

图 5-7　步骤 6)

7）单击"添加指令"，再单击右侧的"IF"按钮，如图5-8所示。

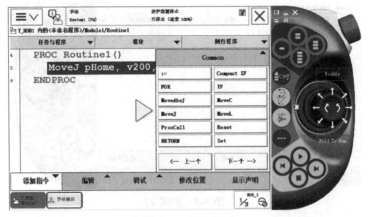

图 5-8　步骤 7)

8）单击 IF 指令，选择添加 ELSE，如图5-9所示。

图 5-9　步骤 8)

9）单击 IF 后面的参数，如图5-10所示。

图 5-10　步骤 9)

10) 选择"编辑"菜单中的"全部",如图 5-11 所示。

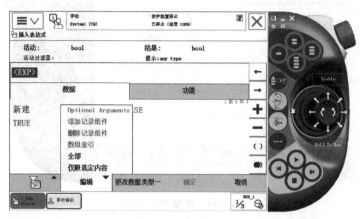

图 5-11　步骤 10)

11) 编辑如图 5-12 所示的表达式。

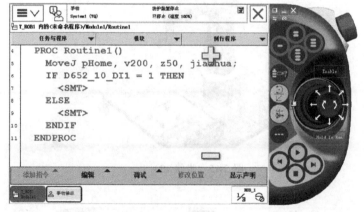

图 5-12　步骤 11)

12) 改变机器人位置,如图 5-13 所示。添加如图 5-14 所示的指令。

图 5-13　步骤 12)(一)

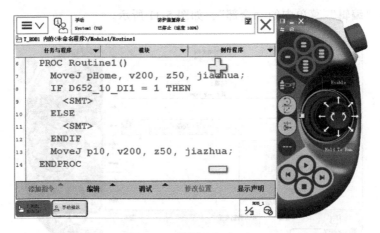

图 5-14　步骤 12)（二）

13）再次改变机器人位置，如图 5-15 所示。添加如图 5-16 所示的指令。

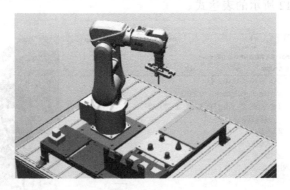

图 5-15　步骤 13)（一）

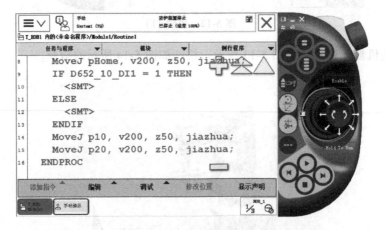

图 5-16　步骤 13)（二）

14）添加 Label 指令，添加如图 5-17 所示的标签。

15）添加 GOTO 指令，添加如图 5-18 所示程序。

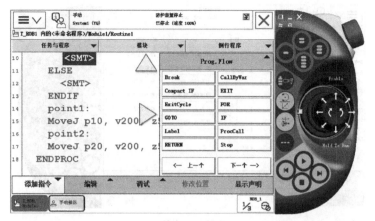

图 5-17 步骤 14）

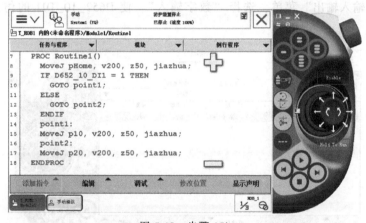

图 5-18 步骤 15）

全部程序如下：

PROC Routine1（）

    MoveJ pHome，v200，z50，jiazhua；

    IF D652_10_DI1＝1 THEN

        GOTO point1；

    ELSE

        GOTO point2；

    ENDIF

    point1：

    MoveJ p10，v200，z50，jiazhua；

    point2：

    MoveJ p20，v200，z50，jiazhua；

ENDPROC

3. 检查试运行

1）单击“调试”中的“PP 移至例行程序”按钮，找到 Routine1，如图 5-19 所示。

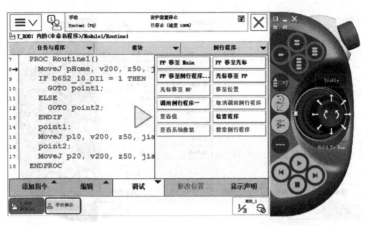

图 5-19　步骤 1）

2）打开"输入输出"菜单，选择"数字输入"，使 D652_10_DI1 的仿真初始值为 0，如图 5-20 所示。

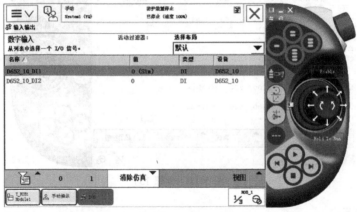

图 5-20　步骤 2）

3）按下使能按钮，使电动机起动，按运行键运行程序。可以发现，机器人一直在 pHome 点和 p20 点之间移动，如图 5-21 所示。

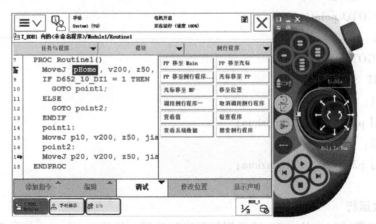

图 5-21　步骤 3）

4）改变 D652_10_DI1 仿真值为 1。可以发现，机器人依次在 pHome 点、p10 点和 p20 点上移动。当 D652_10_DI1 仿真值为 1，"D652_10_DI1 = 1"条件满足，程序跳转到 point1 处，并依次往下执行。当 D652_10_DI1 仿真值为 0，"D652_10_DI1 = 1"条件为假，执行 ELSE 后面的程序段，程序跳转到 point2 处，机器人直接移动到 p20 处，如图 5-22 所示。

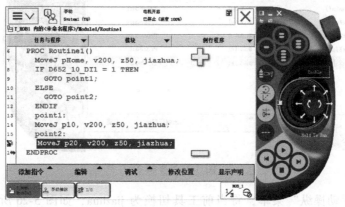

图 5-22　步骤 4）

二、任务实施

本任务需要编制三个子程序：机器人复位、取吸盘和放吸盘。工业机器人需要完成回原点、吸盘工具的夹取、吸盘工具的放下等动作，如图 5-23 所示。

（一）作业前准备

1）清理工作台表面，打开前面已做好的例程文件。

2）安全确认。

3）确认机器人初始位置。

（二）作业程序

1）单击示教器界面左上角的 ABB 菜单，再单击"程序编辑器"，如图 5-24 所示。

图 5-23　任务实施完成示意图

图 5-24　步骤 1）

抓取和放置
吸盘工具

2）新建 main、rFuwei、rXipanqu 和 rXipanfang 程序，如图 5-25 所示。

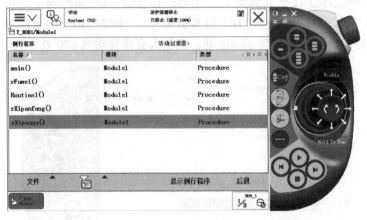

图 5-25　步骤 2）

3）单击"手动操纵"菜单，将当前工具切换为 jiazhua，如图 5-26 所示。打开 rFuwei 程序，在机器人原点位置添加如图 5-27 所示的程序。

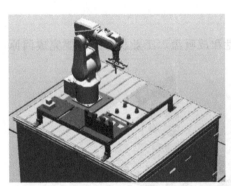

图 5-26　步骤 3）（一）

图 5-27　步骤 3）（二）

4）打开 rXipanqu 程序，添加程序打开气源总阀 D652_10_DO1，添加标签 qu，如图 5-28 所示。

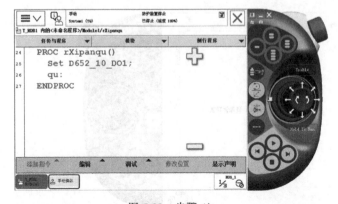

图 5-28　步骤 4）

5）添加 IF 指令，并添加 ELSE，添加判断条件"D652_10_DI1 = 1"，判断此时夹爪是否为打开状态，如图 5-29 所示。

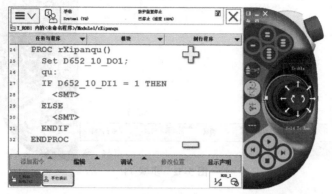

图 5-29　步骤 5)

6）在 THEN 后面添加 WaitTime 指令，等待 1s。在图 5-30 所示取吸盘的位置添加图 5-31 所示的动作指令，并新建 pXipanqu 点记录此位置。机器人先运行至 pXipanqu 点上方 200mm 处，指令为"MoveJ Offs（pXipanqu，0，0，200)，v200，z50，jiazhua;"; 再运行至 pXipanqu 点，指令为"MoveL pXipanqu，v100，fine，jiazhua;"。夹紧夹爪 D652_10_DO3，指令为"Set D652_10_DO3;"，抓取吸盘工具，添加 quhao 标签。

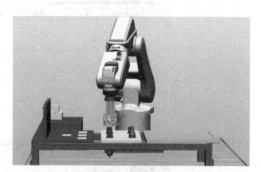

图 5-30　步骤 6)（一）

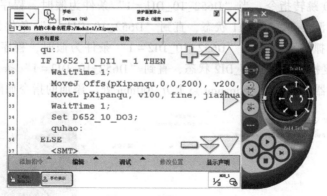

图 5-31　步骤 6)（二）

7）添加 IF 指令，并添加 ELSE，添加判断条件"D652_10_DI2 = 1"，判断此时夹爪是否为夹紧状态，如图 5-32 所示。

8）在 THEN 后面添加 WaitTime 指令，等待 1s。添加如图 5-33 所示的动作指令，机器人运行至 pXipanqu 点上方 200mm 处，指令为"MoveL Offs（pXipanqu，0，0，200)，v100，fine，jiazhua;"。

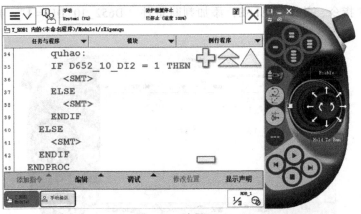

图 5-32 步骤 7)

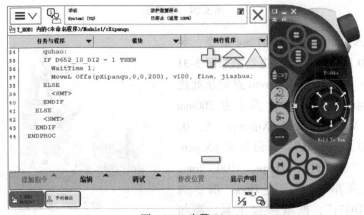

图 5-33 步骤 8)

9) 添加 GOTO 跳转指令。当 "D652_10_DI1 = 1" 条件为假时，程序会运行至 "GOTO qu;"，即再重复检测 D652_10_DI1 状态，直到 "D652_10_DI1 = 1" 条件为真，即夹爪状态为打开，再去执行抓取任务。当 "D652_10_DI2 = 1" 条件为假时，程序会运行至 "GOTO quhao;"，即再重复检测 D652_10_DI2 状态，直到 "D652_10_DI2 = 1" 条件为真，即夹爪状态为夹紧，再将机器人运行至 pXipanqu 点上方 200mm 处。添加的指令如图 5-34 所示。

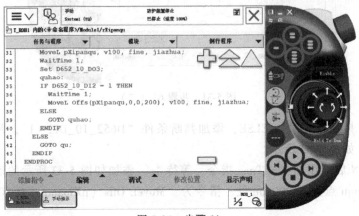

图 5-34 步骤 9)

10）打开 rXipanfang 程序，在图 5-35 所示放吸盘的位置添加图 5-36 所示的动作指令，并新建 pXipanfang 点记录此位置。机器人先运行至 pXipanfang 点上方 200mm 处，指令为"MoveJ Offs（pXipanfang，0，0，200），v200，z50，jiazhua；"；再运行至 pXipanfang 点，指令为"MoveL pXipanfang，v100，fine，jiazhua；"。打开夹爪，添加 Reset 指令"Reset D652_10_DO3；"，放下吸盘工具，添加 fang 标签。

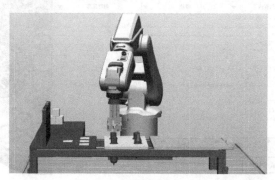

图 5-35　步骤 10）（一）

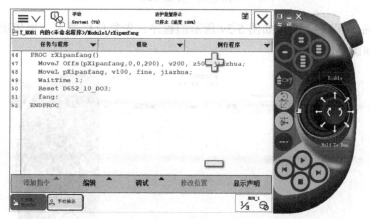

图 5-36　步骤 10）（二）

11）添加 IF 指令，并添加 ELSE，添加判断条件"D652_10_DI1 = 1"，判断此时夹爪是否为打开状态，如图 5-37 所示。

图 5-37　步骤 11）

12）完成 rXipanfang 程序。当"D652_10_DI1 = 1"条件为真时，机器人等待 1s，运行至 pXipanfang 点上方 200mm 处；当"D652_10_DI1 = 1"条件为假时，程序跳转至 fang 标签处，继续检测 D652_10_DI1 状态，如图 5-38 所示。

图 5-38　步骤 12）

13）打开 main 程序，添加如图 5-39 所示的程序，先复位机器人，再依次让机器人取吸盘和放吸盘，如图 5-39 所示。

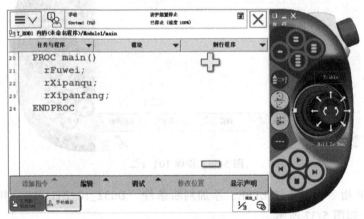

图 5-39　步骤 13）

全部程序如下：

```
PROC main()
    rFuwei;     ！调用复位程序
    rXipanqu;   ！调用机器人取吸盘程序
    rXipanfang; ！调用机器人放吸盘程序
ENDPROC
PROC rFuwei()
    MoveJ pHome,v200,z50,jiazhua;
ENDPROC
PROC rXipanqu()
```

```
    Set D652_10_DO1；！打开气源总阀
    qu：
    IF D652_10_DI1＝1 THEN　！判断此时夹爪是否为打开状态
        WaitTime 1；！等待1s
        MoveJ Offs（pXipanqu，0，0，200），v200，z50，jiazhua；！机器人先运行至pXipan-
                                                            qu点上方200mm处
        MoveL pXipanqu，v100，fine，jiazhua；！机器人运行至pXipanqu点
        WaitTime 1；
        Set D652_10_DO3；！夹紧夹爪
        quhao：
        IF D652_10_DI2＝1 THEN　！判断此时夹爪是否为夹紧状态
            WaitTime 1；
            MoveL Offs（pXipanqu，0，0，200），v100，fine，jiazhua；！机器人运行至
                                                            pXipanqu点上
                                                            方200mm处

        ELSE
            GOTO quhao；！等待检测夹爪夹紧状态为1
        ENDIF
    ELSE
        GOTO qu；！等待检测夹爪打开状态为1
    ENDIF
ENDPROC
PROC rXipanfang（）
    MoveJ Offs（pXipanfang，0，0，200），v200，z50，jiazhua；！机器人运行至pXipanfang点
                                                        上方200mm处
    MoveL pXipanfang，v100，fine，jiazhua；！机器人运行至pXipanfang点
    WaitTime 1；
    Reset D652_10_DO3；！打开夹爪
    fang：
    IF D652_10_DI1＝1 THEN　！判断此时夹爪是否为打开状态
        WaitTime 1；
        MoveL Offs（pXipanfang，0，0，200），v100，fine，jiazhua；！机器人运行至pXipan-
                                                            fang点上方200mm处
    ELSE
        GOTO fang；！等待检测夹爪打开状态为1
    ENDIF
ENDPROC
```

（三）检查试运行

1）单击"调试"中的"PP移至Main"按钮，如图5-40所示。

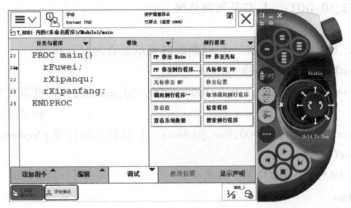

图 5-40 步骤 1)

2) 打开"输入输出",选择"数字输入",仿真 D652_10_DI1 和 D652_10_DI2,并初始化 D652_10_DI1 值为 1,如图 5-41 所示。

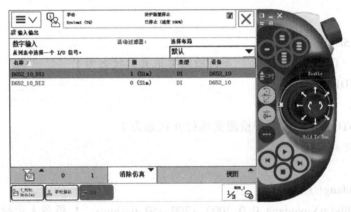

图 5-41 步骤 2)

3) 按下使能按钮,使电动机起动,按运行键运行程序。当机器人运行至抓取吸盘时,改变 D652_10_DI1 值为 0、D652_10_DI2 值为 1。当机器人运行至放下吸盘时,改变 D652_10_DI1 值为 1、D652_10_DI2 值为 0。机器人可以正确完成复位、取吸盘和放吸盘的过程。

三、任务拓展

使用 WaitDI 指令完成检测机器人夹爪张开或闭合,示例程序如下:

```
PROC rXipanqu()
        Set D652_10_DO1;
        WaitDI D652_10_DI1,1;
        WaitTime 1;
        MoveJ Offs(pXipanqu,0,0,200),v200,z50,jiazhua;
        MoveL pXipanqu,v100,fine,jiazhua;
        WaitTime 1;
        Set D652_10_DO3;
```

```
          WaitDI D652_10_DI2,1;
          WaitTime 1;
          MoveL Offs(pXipanqu,0,0,200),v100,fine,jiazhua;
ENDPROC
PROC rXipanfang()
          MoveJ Offs(pXipanfang,0,0,200),v200,z50,jiazhua;
          MoveL pXipanfang,v100,fine,jiazhua;
          WaitTime 1;
          Reset D652_10_DO3;
          WaitDI D652_10_DI1,1;
          WaitTime 1;
          MoveL Offs(pXipanfang,0,0,200),v100,fine,jiazhua;
ENDPROC
```

四、思考与练习

在本任务中，如果不使用 Label 和 GOTO 指令，程序会如何运行？还能实现正确的抓取和放置吸盘吗？

任务二　循环搬运程序的编制

一、相关知识

（一）FOR 指令

在总循环次数已确定的情况下，可采用 FOR 指令。

（1）编程示例

```
FOR i FROM 1 TO 3 DO
    routine1;
ENDFOR
```

重复 routine1 无返回值程序 3 次。

（2）指令的标准格式

```
FOR Loop counter FROM Start value TO End value [STEP Step value]
DO …
ENDFOR
```

1）Loop counter 为当前循环计数器数值的数据名称。自动声明该数据。如果循环计数器名称与实际范围中存在的数据名称相同，则将现有的数据隐藏在 FOR 循环中，不影响程序循环。

2）Start value 的数据类型为 Num，是循环计数器的期望起始值，通常为整数值。

3）End value 的数据类型为 Num，是循环计数器的期望结束值，通常为整数值。

4）Step value 的数据类型为 Num，是循环计数器在各循环中的增量（或减量）值，也称为步进值，通常为整数值。如果未指定 Step value，则系统自动将步进值设置为1，如果起始值大于结束值，则设置为-1。

（3）程序的执行过程

1）评估起始值、结束值和步进值的表达式。

2）向循环计数器 Loop counter 分配起始值。

3）检查循环计数器的数值，以查看其数值是否介于起始值和结束值之间，或者是否等于起始值或结束值。如果循环计数器的数值在此范围之外，则 FOR 循环停止，且程序继续执行 ENDFOR 之后的指令。

4）执行 FOR 循环体中的指令。

5）使循环计数器按照步进值增量（或减量）。

6）从步骤 3）开始重复 FOR 循环。

（二）TEST 指令

当需要根据表达式或数据的值执行不同的指令时使用 TEST 指令。

（1）编程示例

TEST a

    CASE 1：

        Routine1；

    CASE 2：

        Routine2；

    DEFAULT：

        TPWrite "ILLEGAL CHOICE"；

    ENDTEST

上述程序可根据 a 的值执行不同的指令：如果 a 的值为 1，则执行 Routine1；如果 a 的值为 2，则执行 Routine2；如果 a 的值既不是 1 也不是 2，则打印出错误消息。

（2）指令的标准格式

TEST Test data ｛CASE Test value ｛,Test value｝：…｝［ DEFAULT：…］

ENDTEST

1）Test data 的数据类型可为所有类型，它用于比较测试值的数据或表达式。

2）Test value 的数据类型与 Test data 相同。

（3）程序的执行过程 将测试数据 Test data 与第一个 CASE 条件中的测试值进行比较，如果对比相同，则执行 CASE 后面相关指令，然后继续执行 ENDTEST 后的指令；如果未满足第一个 CASE 条件，则对其他 CASE 条件进行测试；如果未满足任何条件，则执行 DEFAULT 后面的指令（如果存在）。

（三）WHILE 指令

只要给定条件表达式评估为 TRUE 值，便重复一些指令时，使用 WHILE 指令。

（1）编程示例

a：= 0；

    WHILE a < 3 DO

        Routine3；

　　　　a := a + 1;

　ENDWHILE

上述程序中，只要 a 的值小于 3，则重复 WHILE 块中的指令。

（2）指令的标准格式

WHILE Condition DO …

ENDWHILE

Condition 的数据类型为 bool，Condition 的结果为 TRUE 时，则执行 WHILE 块中的指令。

（3）程序的执行过程

1）判断条件表达式 Condition。如果表达式的结果为 TRUE，则执行 WHILE 块中的指令。

2）再次判断条件表达式，如果该判断结果为 TRUE，则再次执行 WHILE 块中的指令。

3）继续上述过程，直至表达式判断结果为 FALSE，程序指针指向 WHILE 块之后的指令，继续执行程序。

如果表达式判断结果在开始时就为 FALSE，则不执行 WHILE 块中的指令，且程序指针立即指向 WHILE 块后的指令。

（四）指令例程

1. 作业前准备

1）清理工作台表面，打开例程的文件压缩包。

2）安全确认。

3）如果使用实际工作站，则取吸盘工具，并回初始位置。

4）确认机器人初始位置，如图 5-42所示。

2. 作业程序

1）打开 ABB 菜单，选择"程序编辑器"，如图 5-43 所示。

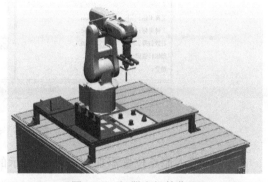

图 5-42　机器人初始位置

循环搬运程序的编制

图 5-43　步骤 1）

2）在 Module1 模块内新建程序 Routine1，并显示 Routine1 例行程序，如图 5-44 所示。

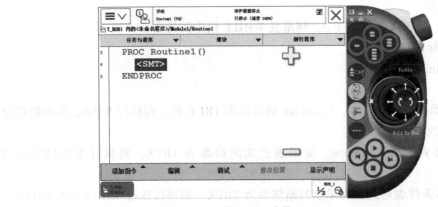

图 5-44　步骤 2）

3）打开"手动操纵"菜单，切换工具坐标系为 xipan，如图 5-45 所示。

图 5-45　步骤 3）

4）在机器人原点位置添加如图 5-46 所示的程序。

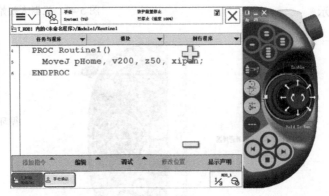

图 5-46　步骤 4）

5）改变机器人的位置，添加 p10 点记录此位置，如图 5-47 所示；并添加如图 5-48 所示的程序。

图 5-47　步骤 5)（一）

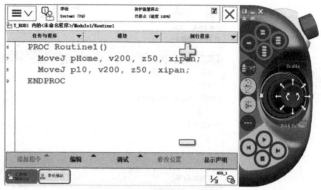

图 5-48　步骤 5)（二）

6）新建程序 Routine2，并打开程序，改变机器人的位置并记录为 p20 点，如图 5-49 所示。添加如图 5-50 所示的程序。

图 5-49　步骤 6)（一）

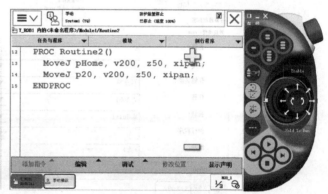

图 5-50　步骤 6)（二）

7）新建 Routine3，并打开程序，添加 TEST 指令，如图 5-51 所示。

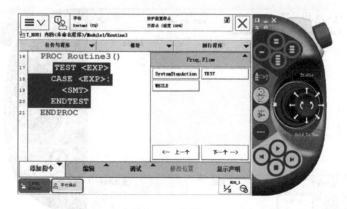

图 5-51　步骤 7)

8）单击 TEST 程序段，更改 TEST 结构，添加一个 CASE 和 DEFAULT，如图 5-52 所示。

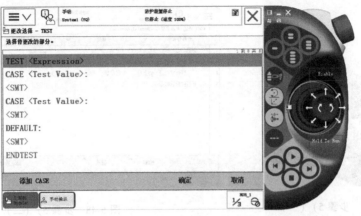

图 5-52　步骤 8）

9）单击 TEST 后面的参数，新建 num 数据类型的可变量 a，如图 5-53 所示。

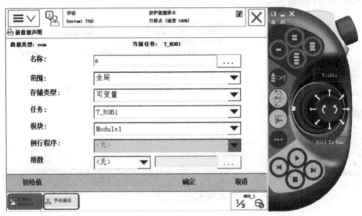

图 5-53　步骤 9）

10）继续完成如图 5-54 所示的程序。

```
17  PROC Routine3()
18    TEST a
19    CASE 1:
20      Routine1;
21    CASE 2:
22      Routine2;
23    DEFAULT:
24      TPWrite "ILLEGAL CHOICE";
25    ENDTEST
26  ENDPROC
```

图 5-54　步骤 10）

11）新建 Routine4，并添加如图 5-55 所示的程序。

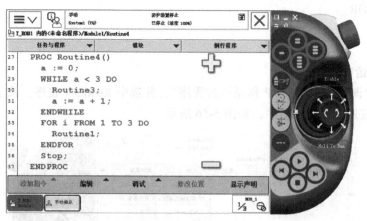

图 5-55 步骤 11)

全部程序如下:

```
PROC Routine1 ( )
    MoveJ pHome, v200, z50, xipan;
    MoveJ p10, v200, z50, xipan;
ENDPROC
PROC Routine2 ( )
    MoveJ pHome, v200, z50, xipan;
    MoveJ p20, v200, z50, xipan;
ENDPROC
PROC Routine3 ( )
    TEST a
    CASE 1:
        Routine1;
    CASE 2:
        Routine2;
    DEFAULT:
        TPWrite " ILLEGAL CHOICE";
    ENDTEST
ENDPROC
PROC Routine4 ( )
    a: =0;
WHILE a < 3 DO
    Routine3;
    a: =a + 1;
ENDWHILE
FOR i FROM 1 TO 3 DO
    Routine1;
```

```
        ENDFOR
        Stop;
ENDPROC
```

3. 检查试运行

1）单击"调试"中的"PP移至例行程序"，并选中 Routine4 程序。按下使能按钮，使电动机起动，按运行键运行程序，如图 5-56 所示。

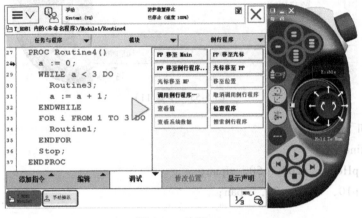

图 5-56　步骤 1）

2）可以发现，示教器屏幕在刚开始时会显示如图 5-57 所示的字幕，这是因为 WHILE 在第一次循环时 a 为 0，在 Routine3 中，a 为 0 时，程序将跳转到 DEFAULT 处。当 WHILE 在第二次循环时，a 为 1，在 Routine3 中，程序将跳转到 CASE 1 处，运行 Routine1。当 WHILE 在第三次循环时，a 为 2，在 Routine3 中跳转到 CASE 2 处，运行 Routine2。当 WHILE 在第四次循环时，a 为 3，不符合循环条件，跳出 WHILE 循环。运行 FOR 循环，循环运行 Routine1 程序 3 次，机器人停止。

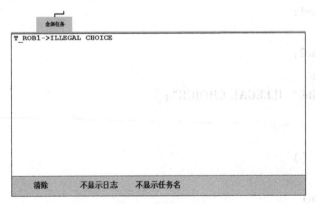

图 5-57　步骤 2）

二、任务实施

接续上述例程，如图 5-58 所示，编制 1 个主程序（main）和 5 个子程序（rFuwei、rXiqu、rFangzhi、rJisuan 和 rTiaoshi）。工业机器人在上述例程的基础上可采用 FOR 循环搬

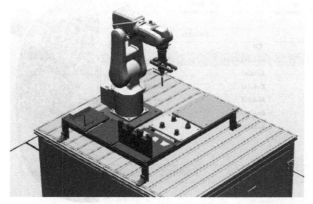

循环搬运
程序的编制

图 5-58 任务完成示意

运 4 个工件，搬运完成后调用复位程序。工件位置及
工件坐标方向如图 5-59 所示。

（一）作业前准备

1）清理工作台表面，打开本任务的文件压缩包。

2）安全确认。

3）如果使用实际工作站，则取吸盘工具，并回初
始位置。

4）确认机器人初始位置。

（二）作业程序

1）单击示教器界面左上角的 ABB 菜单，单击
"程序编辑器"，选择 Module1，新建例行程序，如图
5-60 所示。

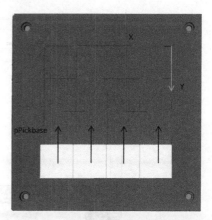

图 5-59 工件位置及工件坐标方向

图 5-60 步骤 1）

2）新建 main、rFuwei、rXiqu、rFangzhi、rJisuan 和 rTiaoshi 程序，如图 5-61 所示。

3）打开 rFuwei 程序，如图 5-62 所示。

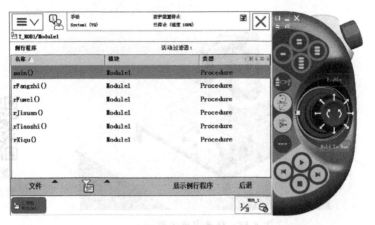

图 5-61 步骤 2)

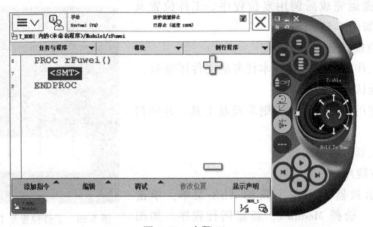

图 5-62 步骤 3)

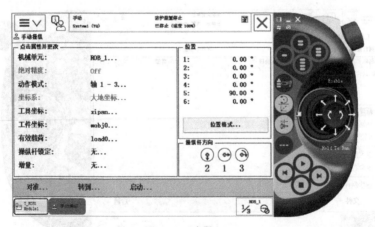

图 5-63 步骤 4)

4) 打开 "手动操纵" 菜单, 将工具坐标系改为 xipan, 如图 5-63 所示。

5) 确保机器人在原点, 如图 5-64 所示。

6) 新建 pHome 点, 如图 5-65 所示。

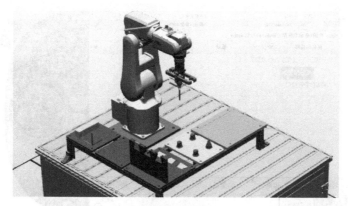

图 5-64 步骤 5）

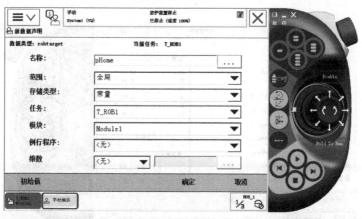

图 5-65 步骤 6）

7）添加如图 5-66 所示的程序。

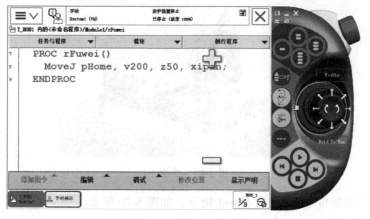

图 5-66 步骤 7）

8）打开 rTiaoshi 程序，如图 5-67 所示。

9）打开"手动操纵"菜单，将工件坐标系改为 qipan，如图 5-68 所示。

10）移动机器人至第一个工件的拾取点，如图 5-69 所示。

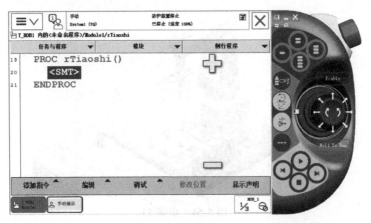

图 5-67　步骤 8)

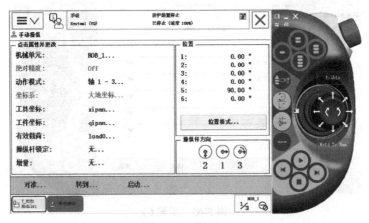

图 5-68　步骤 9)

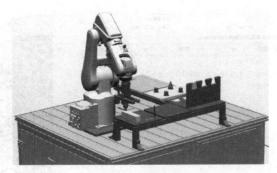

图 5-69　步骤 10)

11) 单击 "添加指令"，添加 MoveJ 指令，如图 5-70 所示。

12) 新建常量 pPickbase 目标点，如图 5-71 所示。

13) 添加如图 5-72 所示的程序。

14) 打开 rJisuan 程序，如图 5-73 所示。

15) 添加 TEST 指令。因为工件的数量为 4，所以使用 TEST 指令计算 CASE 1 ~ CASE 4

4个吸取点和放置点的情况。把指令修改为4个CASE和DEFAULT结构，棋盘的间隔为35mm，如图5-74所示。

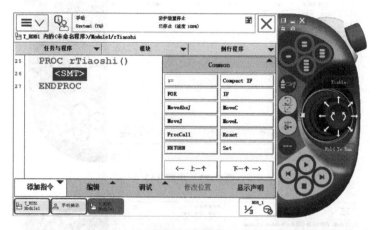

图5-70　步骤11)

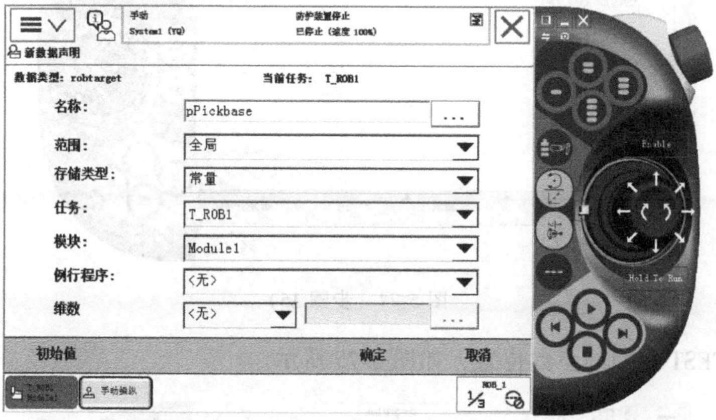

图5-71　步骤12)

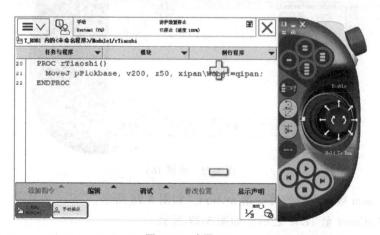

图5-72　步骤13)

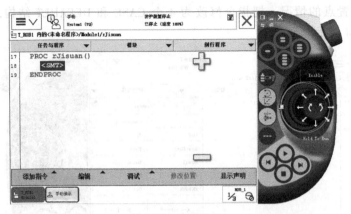

图 5-73　步骤 14)

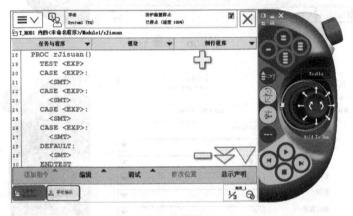

图 5-74　步骤 15)

16) 单击 TEST 后面的参数位置, 如图 5-75 所示。

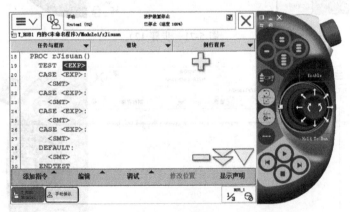

图 5-75　步骤 16)

17) 新建 num 数据类型的可变量 nCount, 如图 5-76 所示。

18) 添加 nCount 至 TEST 之后, 如图 5-77 所示。

19) 将 CASE 后面的参数修改为 1, 并在后面的程序段中添加 := 指令, 如图 5-78 所示。

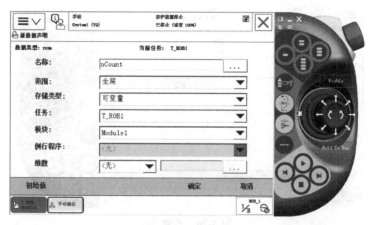

图 5-76　步骤 17)

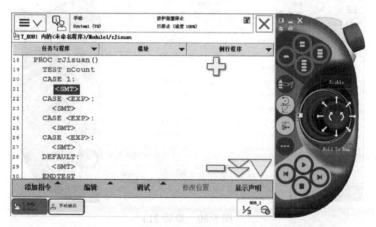

图 5-77　步骤 18)

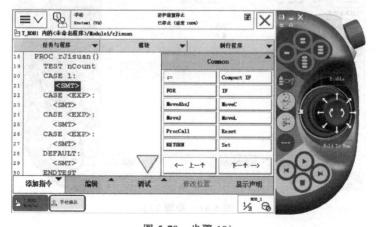

图 5-78　步骤 19)

20) 单击"更改数据类型",如图 5-79 所示。

21) 选择 robtarget,如图 5-80 所示。

22) 单击"新建",如图 5-81 所示。

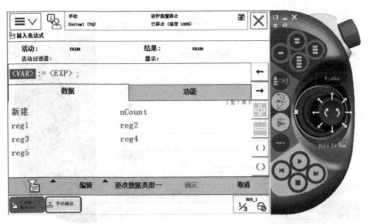

图 5-79　步骤 20)

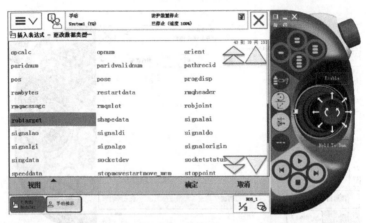

图 5-80　步骤 21)

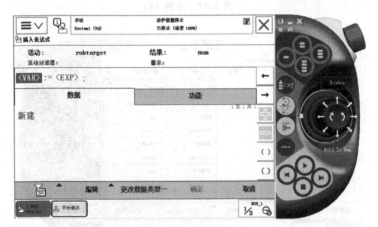

图 5-81　步骤 22)

23）新建可变量 TCP 位置数据 pPick，如图 5-82 所示。

24）修改程序，如图 5-83 所示。

25）继续在上一段程序之后添加：=指令，并新建可变量 TCP 位置数据 pPlace，如图 5-84 所示。

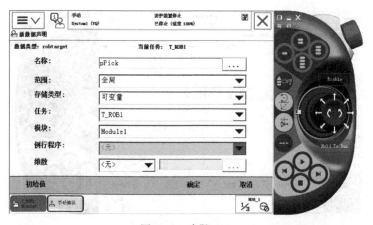

图 5-82　步骤 23)

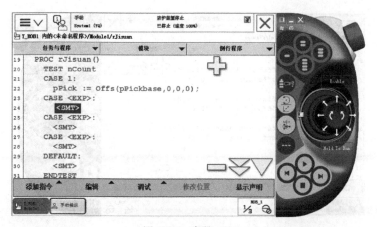

图 5-83　步骤 24)

图 5-84　步骤 25)

26）修改程序，如图 5-85 所示。

27）继续修改后面的 CASE 2~CASE 4 程序，如图 5-86 所示。

28）添加 DEFAULT 后面的程序，如图 5-87 所示。

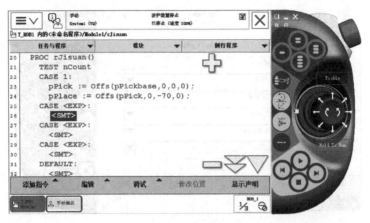

图 5-85　步骤 26)

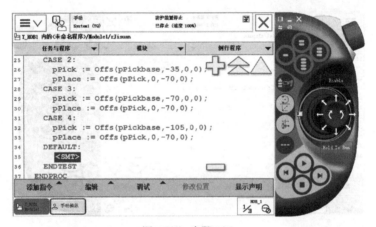

图 5-86　步骤 27)

图 5-87　步骤 28)

29) 打开 rXiqu 程序，如图 5-88 所示。

30) 添加如图 5-89 所示的程序。先经过计算程序，计算出本次拾取和放置的位置点，机器人经过拾取点上方 200mm 处，到达拾取点后，在机械臂静止后等待 0.5s，打开真空吸附电磁阀，再等待 0.5s 后，再返回拾取点上方 200mm 处。

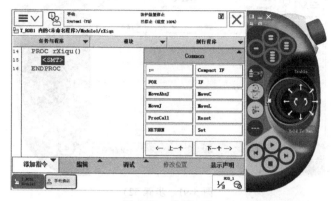

图 5-88 步骤 29)

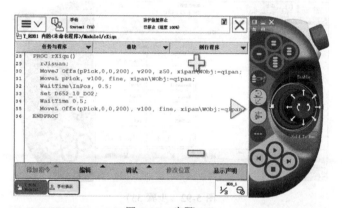

图 5-89 步骤 30)

31) 打开 rFangzhi 程序，如图 5-90 所示。

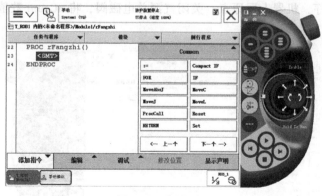

图 5-90 步骤 31)

32) 添加如图 5-91 所示的程序。机器人经过放置点上方 200mm 处，到达放置点后，在机械臂静止后等待 0.5s，关闭真空吸附电磁阀，等待 0.5s 后，再返回放置点上方 200mm 处，如图 5-91 所示。

33) 打开 main 程序，如图 5-92 所示。

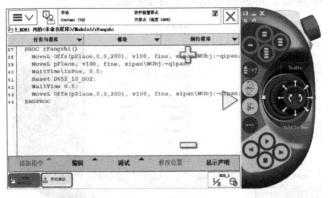

图 5-91　步骤 32）

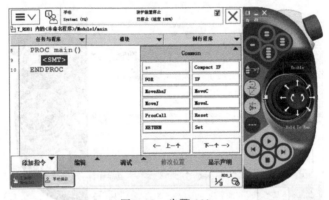

图 5-92　步骤 33）

34）添加如图 5-93 所示的程序。先调用复位子程序，将 nCount 的值复位为 1，打开气源总电磁阀，使用 FOR 循环拾取和放置 4 个工件。每完成一次拾取或放置，使 nCount 加 1。完成后调用复位程序，机器人回原点，关闭气源总电磁阀，将 nCount 数值复位为 1，机器人停止。

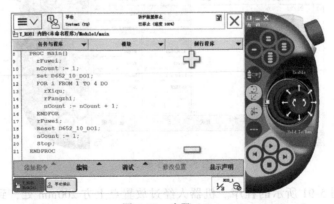

图 5-93　步骤 34）

全部程序如下：

```
MODULE Module1
```

```
    CONST robtarget
pHome: = [[-4.00,623.00,1065.75],[1.53133E-07,0.707107,0.707107,-1.53133E-07],[0,
0,0,0],[9E+09,9E+09,9E+09,9E+09,9E+09,9E+09]];
    CONST robtarget
pPickbase: = [[121.63,122.96,39.73],[9.29118E-08,-0.999982,-0.00596265,5.89263E-
07],[-2,-1,-1,0],[9E+09,9E+09,9E+09,9E+09,9E+09,9E+09]];
    PERS num nCount: = 1;
    PERS robtarget
pPick: = [[16.63,122.96,39.73],[9.29118E-08,-0.999982,-0.00596265,5.89263E-07],[-
2,-1,-1,0],[9E+09,9E+09,9E+09,9E+09,9E+09,9E+09]];
    PERS robtarget
pPlace: = [[16.63,52.96,39.73],[9.29118E-08,-0.999982,-0.00596265,5.89263E-07],[-
2,-1,-1,0],[9E+09,9E+09,9E+09,9E+09,9E+09,9E+09]];
    PROC main()
        rFuwei;  ! 调用复位程序
        nCount : = 1;  ! 搬运计数器数值初始化
        Set D652_10_DO1;  ! 打开气源总电磁阀
        FOR i FROM 1 TO 4 DO  ! 循环搬运 4 次
            rXiqu;  ! 调用吸取程序
            rFangzhi;  ! 调用放置程序
            nCount : = nCount + 1;  ! 搬运计数器数值增 1
        ENDFOR
        rFuwei;  ! 调用复位程序
        Reset D652_10_DO1;  ! 关闭气源电磁阀
        nCount : = 1;  ! 搬运计数器数值复位
        Stop;  ! 机器人停止
    ENDPROC
    PROC rFuwei()
        MoveJ pHome,v200,z50,xipan;
    ENDPROC
    PROC rTiaoshi()
        MoveJ pPickbase,v200,z50,xipan\WObj: = qipan;  ! 用于调试第一个工件的拾取点
    ENDPROC
    PROC rXiqu()
        rJisuan;  ! 调用计算程序
        MoveJ Offs(pPick,0,0,200),v200,z50,xipan\WObj: = qipan;  ! 到达吸取点上方
200mm 处
        MoveL pPick,v100,fine,xipan\WObj: = qipan;  ! 到达吸取点
        WaitTime\InPos,0.5;  ! 在机械臂静止后等待 0.5s
```

```
        Set D652_10_DO2;  ! 打开真空吸附电磁阀
        WaitTime 0.5s;  ! 等待 0.5s
        MoveL Offs(pPick,0,0,200),v100,fine,xipan\WObj:=qipan;  ! 到达吸取点上方
200mm 处
    ENDPROC
    PROC rFangzhi()
        MoveL Offs(pPlace,0,0,200),v100,fine,xipan\WObj:=qipan;  ! 到达放置点上方
200mm 处
        MoveL pPlace,v100,fine,xipan\WObj:=qipan;  ! 到达放置点
        WaitTime\InPos,0.5;  ! 在机械臂静止后等待 0.5s
        Reset D652_10_DO2;  ! 关闭真空吸附电磁阀
        WaitTime 0.5;  ! 等待 0.5s
        MoveL Offs(pPlace,0,0,200),v100,fine,xipan\WObj:=qipan;  ! 到达放置点上方
200mm 处
    ENDPROC
    PROC rJisuan()
        TEST nCount  ! 搬运计数器记录搬运次数
        CASE 1:
            pPick := Offs(pPickbase,0,0,0);  ! 计算吸取点位置
            pPlace := Offs(pPick,0,-70,0);  ! 计算放置点位置
        CASE 2:
            pPick := Offs(pPickbase,-35,0,0);
            pPlace := Offs(pPick,0,-70,0);
        CASE 3:
            pPick := Offs(pPickbase,-70,0,0);
            pPlace := Offs(pPick,0,-70,0);
        CASE 4:
            pPick := Offs(pPickbase,-105,0,0);
            pPlace := Offs(pPick,0,-70,0);
        DEFAULT:
            TPErase;  ! 搬运计数器中的数值不对,进行清屏和写屏,机器人停止
            TPWrite "The counter is error,please check it!";
            Stop;
        ENDTEST
    ENDPROC
ENDMODULE
```

(三) 检查试运行

1) 单击"调试"中的"PP 移至 Main"按钮,如图 5-94 所示。

2) 可以看见紫色的程序指针停在程序的第一行,此时按下使能按钮,按步进键或直接

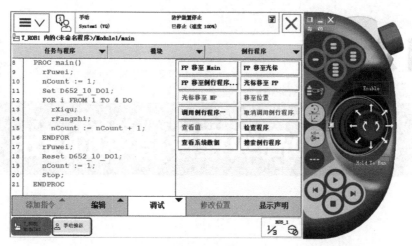

图 5-94　步骤 1)

运行程序，如图 5-95 所示。

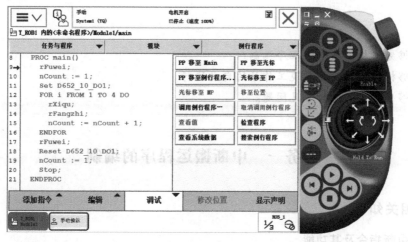

图 5-95　步骤 2)

三、任务拓展

尝试搬运 5 个或更多的工件。

四、思考与练习

本任务主程序中的 FOR 程序段能否用 WHILE 指令编写？如果可以，应如何编写？

项目六

RAPID高级程序指令的设定

知识目标

1. 熟悉工业机器人的基本中断指令。
2. 熟悉工业机器人的相关 RAPID 高级程序指令。

技能目标

1. 能够完成棋盘搬运的程序编制。
2. 能够根据操作步骤实现工作站的自动运行。
3. 能够处理工作站的常见问题。

任务一　中断搬运程序的编制

一、相关知识

（一）中断指令及其功能

中断是指系统在正常执行程序时对中断事件的处理，暂时中断当前程序的执行而转去执行相应的中断处理程序，待中断处理程序执行完毕后，再继续执行原来被中断的程序。程序在执行过程中由于外界的原因而被中间打断的情况称为中断。中断条件为真时，中断发生，中断条件通过中断编号识别。中断条件可能是如下任一事件：

1）将输入或输出变为 1 或 0。

2）给定的时间到。

3）到达指定的位置。

系统并非任何时刻都能响应中断请求，即系统可快速识别中断事件（仅因硬件速度延迟），但只在特定程序位置才会做出反应。中断的特定位置如下：

1）输入下一条指令时。

2）等待指令执行期间的任意时候，如 WaitDI 指令。

3）移动指令执行期间的任意时候，如 MoveJ 指令。

由于这些情况导致中断响应时间延长，系统在识别出中断后也要延迟 2~30ms 才能做出反应，具体延时取决于中断阻断情况。

中断可以被启用，也可以被禁用。若禁用中断，所有发生的中断将进入等待队列，到下一次启用中断前都不会再出现。中断队列可能包含不止一起待中断事件，队列中的中断按先进先出顺序发生。在中断程序执行期间通常禁用中断。在程序停止的情况下，除了安全中断外，不处理任何中断。

当下达中断命令时会自动启用中断，但下列两种情况下会临时禁用：

1）禁用所有中断。在此期间发生的所有中断都将列入等待队列，等待再次启用中断。

2）个别中断失效。在此期间发生的所有中断都可忽略。

每个程序任务最高中断次数小于100次。常见的中断指令见表6-1。

表6-1　常见的中断指令

指　令	用　途
CONNECT	连接变量（中断识别号）与中断程序
ISignalDI	中断数字输入信号
ISignalDO	中断数字输出信号
ISignalGI	中断一组数字输入信号
ISignalGO	中断一组数字输出信号
ISignalAI	中断模拟输入信号
ISignalAO	中断模拟输出信号
ITimer	定时中断
TriggInt	固定位置中断［运动（Motion）拾取列表］
IPers	永久数据数值改变时启用中断
IError	出现错误时下达中断指令并启用中断
IRMQMessage [i]	RAPID 语言消息队列收到指定数据类型时启用中断
IDelete	取消（删除）中断
ISleep	使指定中断失效
IWatch	使指定中断生效
IDisable	禁用所有中断
IEnable	启用所有中断
GetTrapData	获取导致中断程序被执行的所有信息
ReadErrData	获取执行中断程序时的错误信息、状态变化或警告信息

（二）IDelete 指令

IDelete 指令用于取消（删除）中断名称和原中断程序间的连接。如果仅临时禁用中断，则应当使用指令 ISleep 或 IDisable。

（1）编程示例：

IDelete intno1;

上述指令将中断识别号 intno1 原中断程序间的连接删除。

（2）指令的标准格式

IDelete Interrupt

Interrupt 数据类型为 intnum，是 RAPID 语言中的中断识别号。

（三）CONNECT 指令

CONNECT 指令将中断程序与特定中断相连。

（1）编程示例

CONNECT intno1 WITH tDI1；

上述指令将中断识别号 intno1 与中断程序 tDI1 相连。

（2）指令的标准格式

CONNECT Interrupt WITH Trap routine

1）Interrupt 的数据类型为 intnum，是 RAPID 语言中的中断识别号。

2）Trap routine 为中断程序的名称。

（四）ISignalDI 指令

ISignalDI 用于定义和启用数字输入信号的状态控制中断的功能。

（1）编程示例

ISignalDI D652_10_DI1，1，intno1；

上述指令表示每当数字输入信号 D652_10_DI1 变为 1 时下达中断。

（2）指令的标准格式

ISignalDI［\Single］|［\SingleSafe］Signal TriggValue Interrupt

1）［\Single］的数据类型为 switch，用于确定中断是仅出现一次还是循环出现。如果设置了参数 Single，则中断最多出现一次。如果省略 Single 和 SingleSafe 参数，则每当满足条件时便会出现中断。

2）［\SingleSafe］的数据类型为 switch，为一次性安全中断。安全中断无法与指令 ISleep 一同处于休眠模式。程序停止时，安全中断事件将列入队列，且当程序再次启动时，才执行中断功能。

3）Signal 的数据类型为 signaldi，是将产生中断的信号名称。

4）TriggValue 的数据类型为 dionum，是中断条件。将该值指定为 0 或 low，为下降沿中断；设定为 1 或 high，为上升沿中断；设定为 2 或 edge，为边沿中断（上升沿/下降沿同时有效）。若中断控制指令使能前，指定信号的状态已为 0 或 1，则不会产生下降沿/上升沿、边沿中断。

5）Interrupt 的数据类型为 intnum，它代表中断识别号。

（五）ISignalGI 指令

ISignalGI 指令是用于下达和启用一组数字输入信号中断的指令。

（1）编程示例

ISignalGI GI1，intno1；

上述指令表示当数字输入组信号 GI1 变更数值时下达中断指令。

（2）指令的标准格式

ISignalGI［\Single］|［\SingleSafe］Signal Interrupt

具体解释可参看 ISignalDI 指令。

（六）指令例程

1. 作业前准备

1）清理工作台表面，打开例程的文件压缩包。

2）安全确认。

3）如果使用实际工作站，则取吸盘工具，并回初始位置。

4）确认机器人初始位置，如图 6-1 所示。

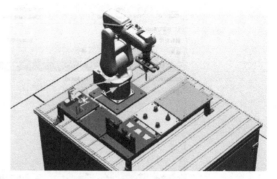

图 6-1 机器人初始位置

2. 作业程序

1）单击示教器界面左上角的 ABB 菜单，单击"程序编辑器"，如图 6-2 所示。再单击显示 Module1 模块，如图 6-3 所示。

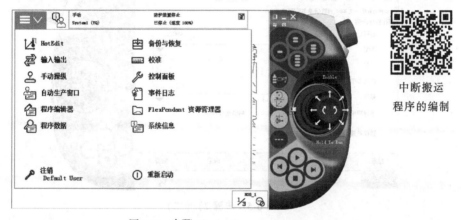

图 6-2 步骤 1）（一）

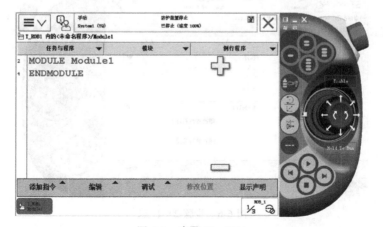

图 6-3 步骤 1）（二）

2）单击"文件"菜单中的"新建例行程序"，新建 tDI1 中断程序、rInitAll 子程序和 Routine1 子程序，如图 6-4~图 6-7 所示。

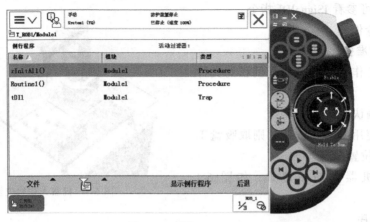

图 6-4 步骤 2)（一）

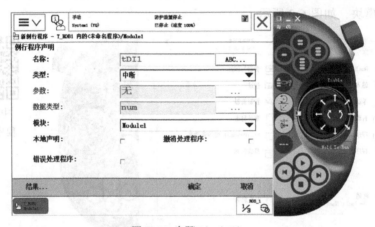

图 6-5 步骤 2)（二）

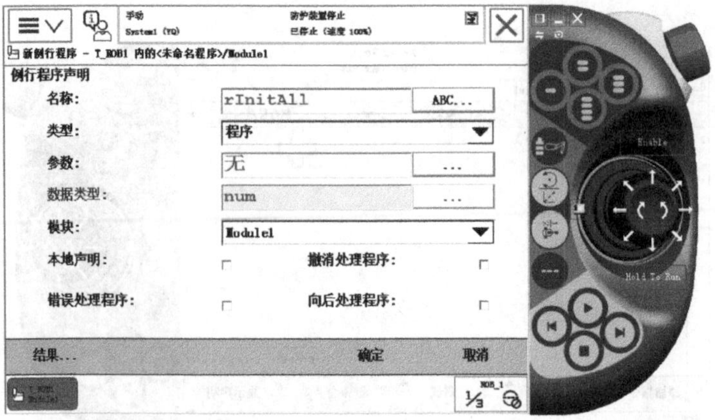

图 6-6 步骤 2)（三）

3）打开 tDI1 中断程序，并添加：=指令，如图 6-8 所示。

4）单击"数据"，如图 6-9 所示，新建如图 6-10 所示的可变量 num 数据类型 reg6，并编辑语句，如图 6-11 所示。这里中断程序 tDI1 的内容是每发生一次中断，使 reg6 加 1。

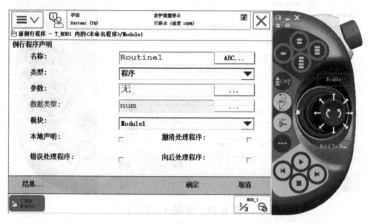

图 6-7　步骤 2)（四）

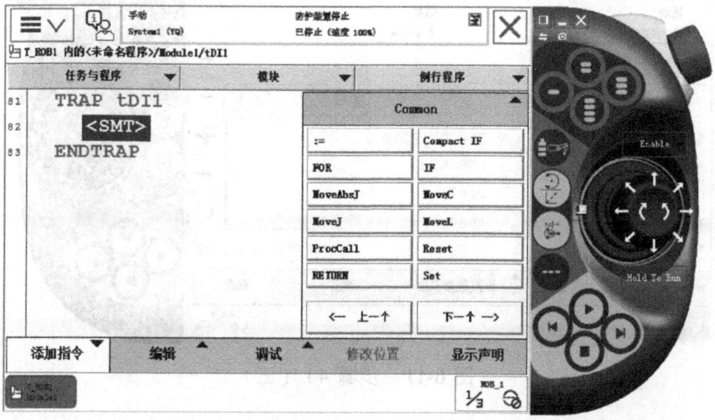

图 6-8　步骤 3)

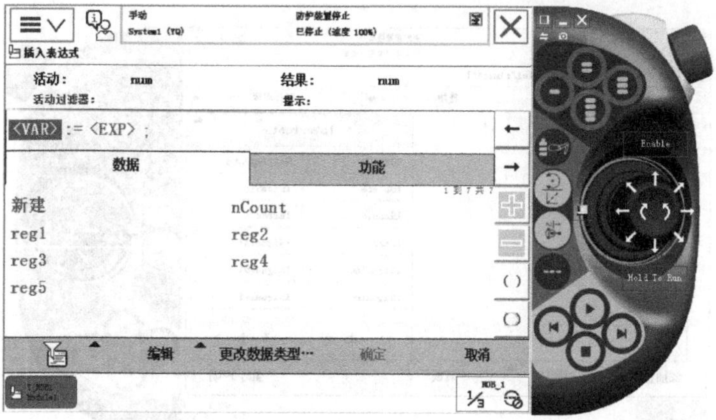

5）打开 tDI1 程序，如图 6-12 所示，单击编辑菜单中的 Delete 指令，如图 6-13 所示，在
tDI1 程序中把表达式 :=nCount, 如图 6-13 所示，并赋值如图 6-15 所示在本程序，在本程序
用于测试中所要编程用到的赋值变量 nCount 基本。

图 6-9　步骤 4)（一）

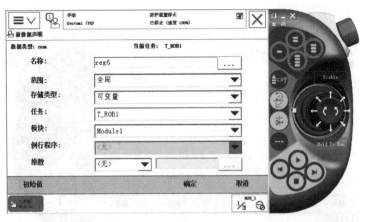

图 6-10　步骤 4)（二）

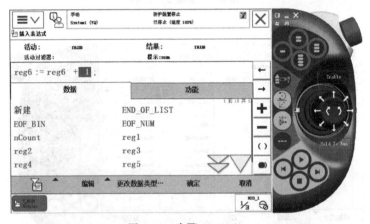

图 6-11　步骤 4)（三）

5）打开 rInitAll 程序，如图 6-12 所示，并继续添加 IDelete 指令，如图 6-13 所示。在 IDelete 指令中新建中断变量 intno1，如图 6-14 所示，并编辑如图 6-15 所示的程序。此程序用于删除中断变量和原中断程序间的连接。

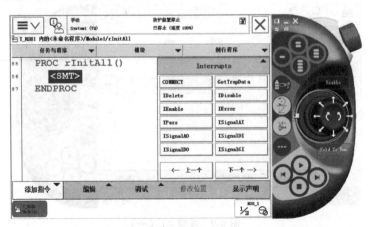

图 6-12　步骤 5)（一）

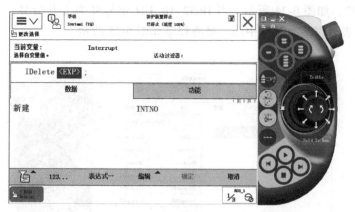

图 6-13　步骤 5）（二）

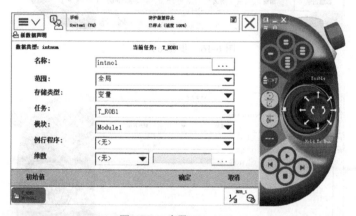

图 6-14　步骤 5）（三）

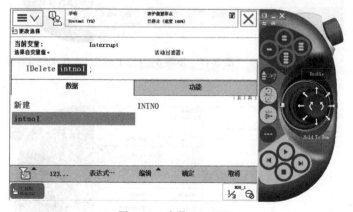

图 6-15　步骤 5）（四）

6）添加 CONNECT 指令，如图 6-16 所示，并编辑如图 6-17 所示的程序。此程序用于将中断变量 intno1 和中断程序 tDI1 连接。

7）添加 ISignalDI 指令，如图 6-18 所示。添加中断信号 D652_10_DI1，单击"确定"，如图 6-19 所示。单击程序 ISignalDI \ Single，如图 6-20 所示。单击"可选变量"，如图 6-21 所示。单击 \ Single，如图 6-22 所示。选择不使用 Single，并单击"关闭"，如图 6-23 所示。

再次选择"关闭",如图 6-24 所示。当 D652_10_DI1 信号变为上升沿时,触发中断 intno1,不使用 Single 代表可以多次触发中断。最终程序如图 6-25 所示。

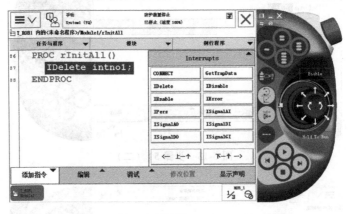

图 6-16　步骤 6)(一)

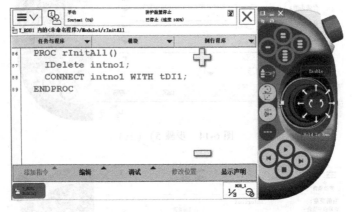

图 6-17　步骤 6)(二)

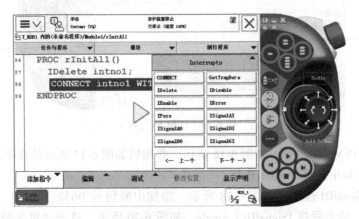

图 6-18　步骤 7)(一)

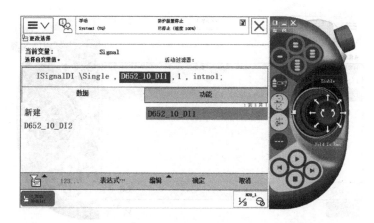

图 6-19　步骤 7)（二）

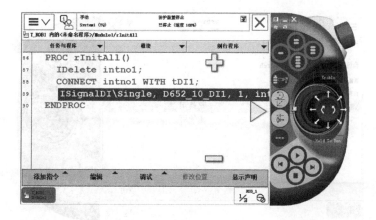

图 6-20　步骤 7)（三）

图 6-21　步骤 7)（四）

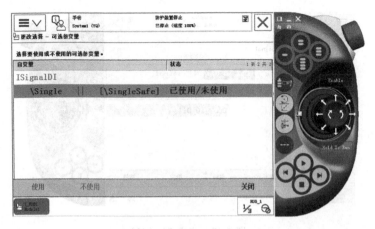

图 6-22 步骤 7)（五）

图 6-23 步骤 7)（六）

图 6-24 步骤 7)（七）

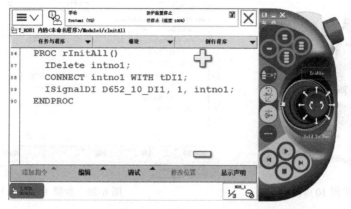

图 6-25　步骤 7）（八）

8）打开 Routine1 程序，添加 ProcCall 指令，调用 rInitAll，如图 6-26 所示。

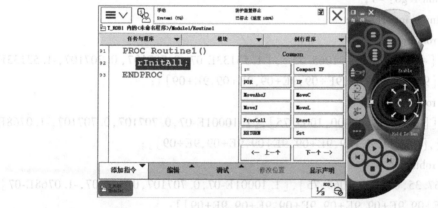

图 6-26　步骤 8）

9）单击"手动操纵"，将工具坐标系改为 xipan，在机器人原点添加如图 6-27 所示的程序。

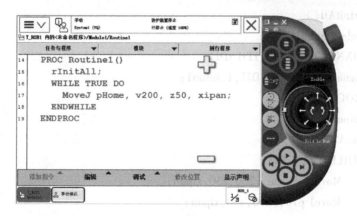

图 6-27　步骤 9）

10）改变机器人的 TCP 位置，如图 6-28 所示。添加指令，如图 6-29 所示。

图 6-28　步骤 10)（一）

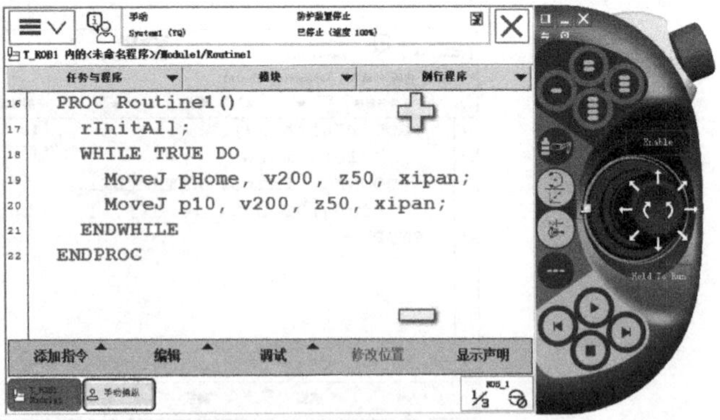

图 6-29　步骤 10)（二）

全部程序如下：

MODULE Module1

　　PERS num reg6：=1；

　　VAR intnum intno1：=0；

　　CONST robtarget

pHome：=［［-4.00,623.00,1065.75］,［1.53133E-07,0.707107,0.707107,-1.53133E-07］,［0,0,0,0］,［9E+09,9E+09,9E+09,9E+09,9E+09,9E+09］］；

　　CONST robtarget

pHome10：=［［-167.35,623.00,1065.75］,［1.10001E-07,0.707107,0.707107,-1.0768E-07］,［-1,0,-1,0］,［9E+09,9E+09,9E+09,9E+09,9E+09,9E+09］］；

　　CONST robtarget

p10：=［［-167.35,623.00,1065.75］,［1.10001E-07,0.707107,0.707107,-1.0768E-07］,［-1,0,-1,0］,［9E+09,9E+09,9E+09,9E+09,9E+09,9E+09］］；

　　TRAP tDI1

　　　　reg6 := reg6 + 1；

　　ENDTRAP

　　PROC rInitAll( )

　　　　IDelete intno1；

　　　　CONNECT intno1 WITH tDI1；

　　　　ISignalDI D652_10_DI1,1,intno1；

　　ENDPROC

　　PROC Routine1( )

　　　　rInitAll；

　　　　WHILE TRUE DO

　　　　　　MoveJ pHome,v200,z50,xipan；

　　　　　　MoveJ p10,v200,z50,xipan；

　　　　ENDWHILE

　　ENDPROC

ENDMODULE

3. 检查试运行

1) 单击"调试"中的"PP 移至例行程序"按钮，找到 Routine1，如图 6-30 所示。按下使能按钮，使电动机起动，按运行键运行程序。可以发现，机器人一直在 pHome 点和 p10 点之间移动。

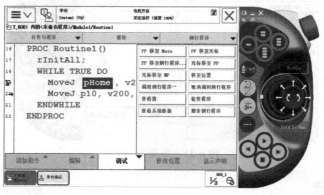

图 6-30　步骤 1)

2) 单击示教器界面左上角的 ABB 菜单，单击"程序数据"，选择 num 显示数据，如图 6-31 所示。单击菜单按钮，单击"输入输出"，选择"数字输入"，单击 D652_10_DI1，并单击"仿真"，改变 D652_10_DI1 的值为 1，如图 6-32 所示。再改变 D652_10_DI1 的值为 0，

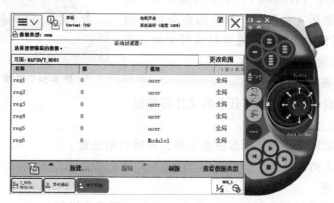

图 6-31　步骤 2)（一）

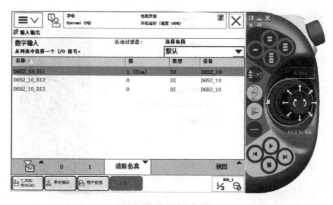

图 6-32　步骤 2)（二）

此时单击程序数据窗口，可以发现 reg6 的值已经变成 1，如图 6-33 所示，说明当 D652_10_ DI1 的值变为 1 时触发并执行了中断程序 tDI1，执行了一次 reg6：=reg6+1。

图 6-33　步骤 2）（三）

二、任务实施

工业机器人的初始位置如图 6-34 所示。编制 1 个主程序（main）、7 个子程序（rFuwei、rXiqu、rFang-zhi、rJisuan、rTiaoshi、rChushihua、rZengliang 例行程序）和 1 个中断程序（tTingzhi）。工业机器人可实现采用 WHILE 循环搬运 4 个工件，搬运的距离可以调整，并且在搬运过程中随时可以通过组信号中断功能实现运行的暂停和继续。

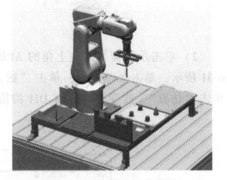

图 6-34　机器人初始位置

（一）作业前准备

1）清理工作台表面，打开本任务的文件压缩包。

2）安全确认。

3）如果使用实际工作站，则取吸盘工具，并回初始位置。

4）确认机器人初始位置，如图 6-34 所示。

中断搬运
程序的编制

（二）作业程序

1）单击示教器界面左上角的 ABB 菜单，单击"程序编辑器"，如图 6-35 所示。

图 6-35　步骤 1）

2）选中 Module1，单击"显示模块"，单击"例行程序"，如图 6-36 所示。

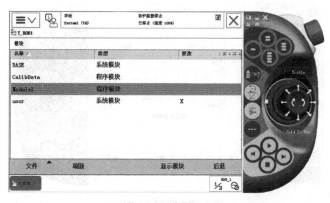

图 6-36　步骤 2）

3）单击"文件"菜单中的"新建例行程序"，如图 6-37 所示。

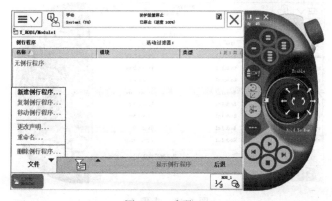

图 6-37　步骤 3）

4）新建 main、rFuwei、rXiqu、rFangzhi、rJisuan、rTiaoshi、rChushihua 和 rZengliang 例行程序，"类型"选择"程序"，并单击"确定"，如图 6-38 所示。新建 tTingzhi 程序，"类型"选择"中断"，并单击"确定"，如图 6-39 所示。

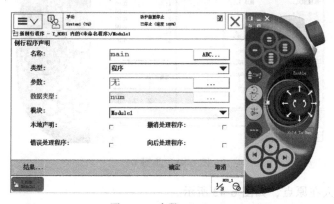

图 6-38　步骤 4）（一）

5）选中 rFuwei 程序，单击显示例行程序，如图 6-40 所示。

6）打开"手动操纵"菜单，将工具坐标系改为 xipan，如图 6-41 所示。

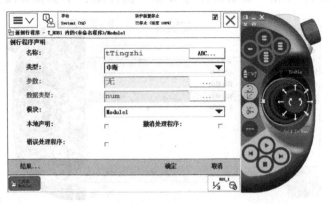

图 6-39 步骤 4)（二）

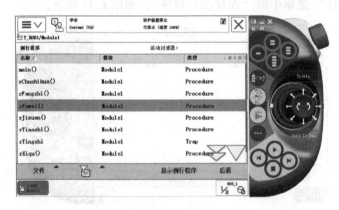

图 6-40 步骤 5)

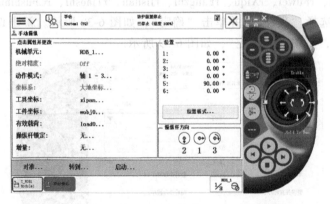

图 6-41 步骤 6)

7）确保机器人在原点，如图 6-42 所示。

8）在机器人的初始位置记录 pHome 点，单击"添加指令"，单击右侧的 MoveJ 按钮，添加如图 6-43 所示的程序。

9）选中 rTiaoshi 程序，单击显示例行程序，如图 6-44 所示。

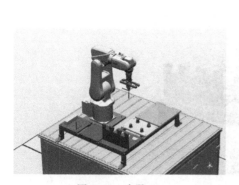

图 6-42　步骤 7)

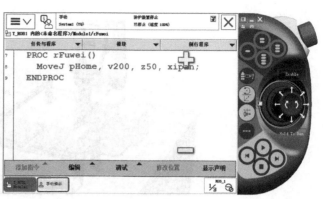

图 6-43　步骤 8)

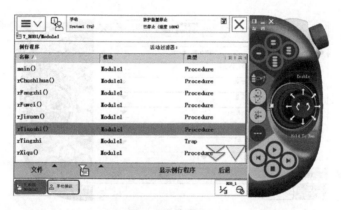

图 6-44　步骤 9)

10) 打开"手动操纵"菜单,将工件坐标系改为 qipan,如图 6-45 所示。

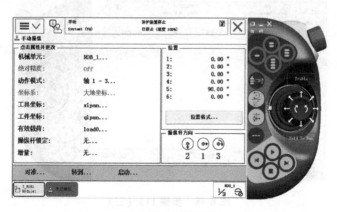

图 6-45　步骤 10)

11) 移动机器人至第一个工件的拾取点,如图 6-46 所示。单击"添加指令",单击右侧的 MoveJ 按钮,记录此点为常量 pPickbase,如图 6-47 所示。并添加如图 6-48 所示的程序。

12) 单击"例行程序",选中 rJisuan 文件,如图 6-49 所示。

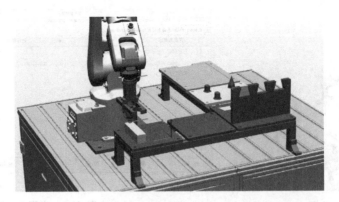

图 6-46　步骤 11)（一）

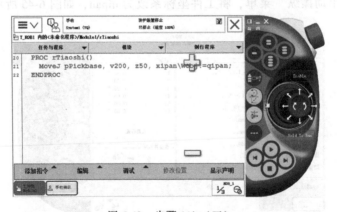

图 6-47　步骤 11)（二）

图 6-48　步骤 11)（三）

13）添加计算工件吸取点和放置点的程序。工件的数量为 4，所以使用 TEST 指令计算 CASE 1~CASE 4 四个吸取点和放置点的位置，棋盘的间隔为 35mm。注意：机器人目标点 pPick 和 pPlace 不是常量而是可变量，pPickbase 是常量。nCount、OffsX、OffsY 为 num 型可变量数据，OffsX、OffsY 初始值都为 35，如图 6-50~图 6-52 所示。

14）单击"例行程序"，选中 rXiqu 文件，如图 6-53 所示。

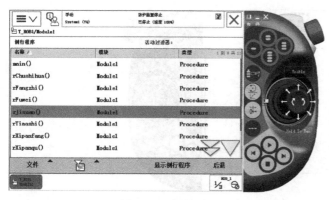

图 6-49　步骤 12)

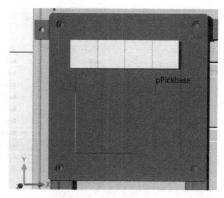

图 6-50　步骤 13)（一）

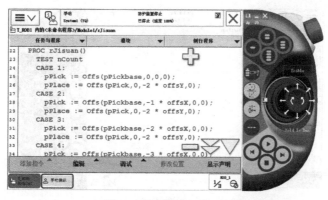

图 6-51　步骤 13)（二）

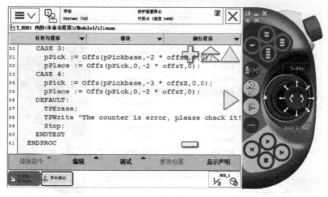

图 6-52　步骤 13)（三）

15）如图 6-54 所示，添加工件吸取程序。先经过计算程序，计算出本次拾取和放置的位置点。机器人经过拾取点上方 200mm 处，到达拾取点，在机械臂静止后等待 0.5s，打开真空吸附电磁阀，再等待 0.5s 后，返回拾取点上方 200mm 处。

16）单击"例行程序"，选中 rFangzhi 文件，如图 6-55 所示。

17）添加如图 6-56 所示的程序。机器人经过放置点上方 200mm 处，到达放置点，在机械臂静止后等待 0.5s，关闭真空吸附电磁阀，再等待 0.5s 后，返回放置点上方 200mm 处，调用计算增量子程序。

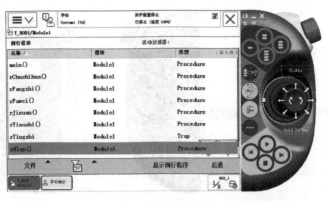

图 6-53　步骤 14)

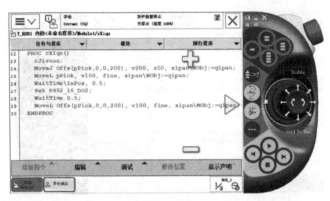

图 6-54　步骤 15)

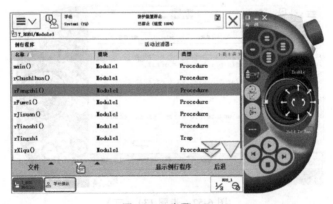

图 6-55　步骤 16)

18）单击"例行程序"，选中 rZengliang 文件，如图 6-57 所示。

19）添加增量子程序，如图 6-58 所示。使 nCount 的值每次增加 1，如果 nCount 的值大于 4，则清屏，输入 "Pick&Place done, the robot will stop!"，nCount 被重新赋值为 1。然后调用吸盘放置子程序，机器人回原点，关闭气源总电磁阀，机器人停止。

20）单击"例行程序"，选中 tTingzhi 文件，如图 6-59 所示。

21）如图 6-60 所示，添加中断程序。如果 GI1 的值为 150，则机器人停止运动；如果

GI1 的值为 151，则机器人开始运动。

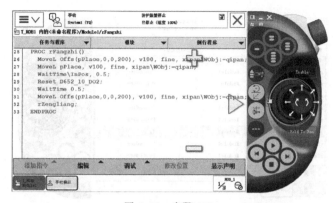

图 6-56　步骤 17)

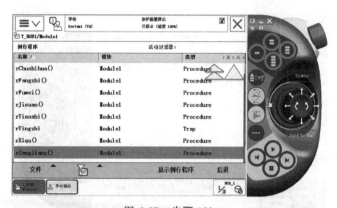

图 6-57　步骤 18)

图 6-58　步骤 19)

22) 单击"例行程序"，选中 rChushihua 文件，如图 6-61 所示。

23) 如图 6-62 所示，添加初始化程序。断开中断数据 intno1 的所有绑定，将中断数据与中断程序 tTingzhi 进行绑定。定义中断触发条件，即当数字输入组信号 GI1 变更数值时，下达中断指令，触发中断程序 tTingzhi，不使用 Single 参数代表可多次触发中断。接下来，调用机器人复位程序，打开机器人气源总电磁阀，复位真空吸附电磁阀，计数器数值复位为 1。

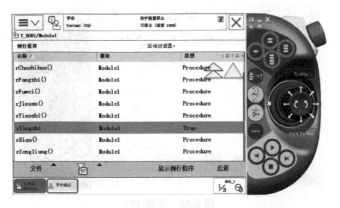

图 6-59　步骤 20）

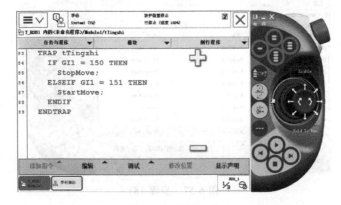

图 6-60　步骤 21）

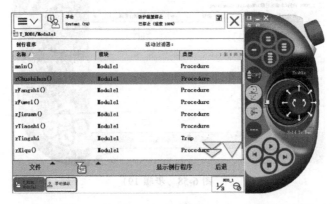

图 6-61　步骤 22）

24）单击"例行程序"，选中 main 文件，如图 6-63 所示。

25）如图 6-64 所示，添加主程序。先调用初始化程序，再调用吸盘工具拾取子程序，使用 WHILE 指令一直循环执行吸取工件、放置工件子程序。

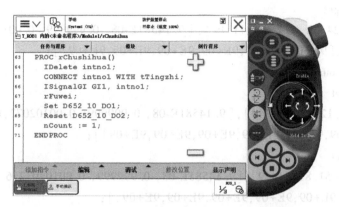

图 6-62　步骤 23)

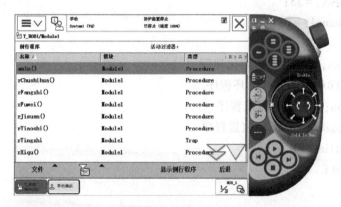

图 6-63　步骤 24)

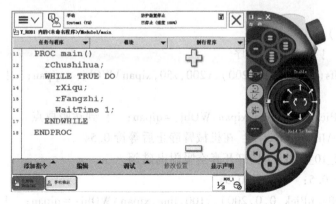

图 6-64　步骤 25)

全部程序如下：

MODULE Module1

CONST robtarget

pHome: = [[-4. 00, 623. 00, 1065. 75], [1. 53133E-07, 0. 707107, 0. 707107, -1. 53133E-07], [0,
0, 0, 0], [9E+09, 9E+09, 9E+09, 9E+09, 9E+09, 9E+09]];

```
    CONST robtarget
pPickbase: = [[124.58,121.81,44.49],[9.14581E-08,-0.999999,-0.00102072,6.49771E-
07],[-2,0,-1,0],[9E+09,9E+09,9E+09,9E+09,9E+09,9E+09]];
    PERS num nCount: = 1;
    PERS robtarget
pPick: = [[19.58,121.81,44.49],[9.14581E-08,-0.999999,-0.00102072,6.49771E-07],[-
2,0,-1,0],[9E+09,9E+09,9E+09,9E+09,9E+09,9E+09]];
    PERS robtarget
pPlace: = [[19.58,51.81,44.49],[9.14581E-08,-0.999999,-0.00102072,6.49771E-07],[-2,
0,-1,0],[9E+09,9E+09,9E+09,9E+09,9E+09,9E+09]];
    PERS num OffsY: = 35;
    PERS num OffsX: = 35;
    VAR intnum intno1: = 0;
    PROC main()
        rChushihua;    ! 调用初始化程序
        WHILE TRUE DO    ! 循环程序
            rXiqu;    ! 调用吸取程序
            rFangzhi;    ! 调用放置程序
            WaitTime 1;
        ENDWHILE
    ENDPROC
    PROC rFuwei()
        MoveJ pHome,v200,z50,xipan;
    ENDPROC
    PROC rXiqu()
        rJisuan;    ! 调用计算程序
        MoveJ Offs(pPick,0,0,200),v200,z50,xipan\WObj: = qipan;    ! 到达吸取点上方
200mm 处
        MoveL pPick,v100,fine,xipan\WObj: = qipan;    ! 到达吸取点
        WaitTime\InPos,0.5;    ! 在机械臂静止后等待 0.5s
        Set D652_10_DO2;    ! 打开真空吸附电磁阀
        WaitTime 0.5;    ! 等待 0.5s
        MoveL Offs(pPick,0,0,200),v100,fine,xipan\WObj: = qipan;    ! 到达吸取点上方
200mm 处
    ENDPROC
    PROC rFangzhi()
        MoveL Offs(pPlace,0,0,200),v100,fine,xipan\WObj: = qipan;    ! 到达放置点上方
200mm 处
        MoveL pPlace,v100,fine,xipan\WObj: = qipan;    ! 到达放置点
```

```
        WaitTime\InPos,0.5;   ！在机械臂静止后等待0.5s
        Reset D652_10_DO2;   ！关闭真空吸附电磁阀
        WaitTime 0.5;   ！等待0.5s
        MoveL Offs(pPlace,0,0,200),v100,fine,xipan\WObj:=qipan；  ！到达放置点上方
200mm 处
        rZengliang；  ！调用增量程序
    ENDPROC
    PROC rJisuan( )
        TEST nCount   ！搬运计数器记录搬运次数
        CASE 1：
            pPick := Offs(pPickbase,0,0,0);   ！计算吸取点位置
            pPlace := Offs(pPick,0,-2 * OffsY,0);   ！计算放置点位置
        CASE 2：
            pPick := Offs(pPickbase,-1 * OffsX,0,0);
            pPlace := Offs(pPick,0,-2 * OffsY,0);
        CASE 3：
            pPick := Offs(pPickbase,-2 * OffsX,0,0);
            pPlace := Offs(pPick,0,-2 * OffsY,0);
        CASE 4：
            pPick := Offs(pPickbase,-3 * OffsX,0,0);
            pPlace := Offs(pPick,0,-2 * OffsY,0);
        DEFAULT：
            TPErase;   ！搬运计数器中的数值不对,进行清屏和写屏,机器人停止
            TPWrite "The counter is error,please check it!";
            Stop;
        ENDTEST
    ENDPROC
    PROC rTiaoshi( )
        MoveJ pPickbase,v200,z50,xipan\WObj:=qipan;
    ENDPROC
    PROC rChushihua( )
        IDelete intno1;   ！删除中断变量intno1和原中断程序间的连接
        CONNECT intno1 WITH tTingzhi;   ！将中断变量intno1和中断程序tTingzhi连接
        ISignalGI GI1, intno1;   ！当数字输入组信号GI1变更数值时,下达中断指令,触
                                    发中断程序tTingzhi
        rFuwei;
        Set D652_10_DO1;
        Reset D652_10_DO2;
        nCount := 1;
```

```
        ENDPROC
        PROC rZengliang( )
            nCount : = nCount + 1;
            IF nCount > 4 THEN    ! 当计数值大于 4 时,机器人停止运动及进行相应设置
                TPErase;
                TPWrite "Pick&Place done,the robot will stop!";
                nCount : = 1;
                rFuwei;
                Reset D652_10_DO1;
                Stop;
            ENDIF
        ENDPROC
        TRAP tTingzhi
            IF GI1 = 150 THEN    ! 当组输入信号 GI1 变为 150 时机器人停止运动
                StopMove;
            ELSEIF GI1 = 151 THEN    ! 当组输入信号 GI1 变为 151 时机器人开始运动
                StartMove;
            ENDIF
        ENDTRAP
ENDMODULE
```

(三) 检查试运行

1) 单击"调试"中的"PP 移至 Main"按钮,如图 6-65 所示。

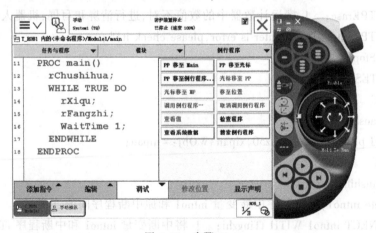

图 6-65　步骤 1)

2) 可以看见紫色的程序指针停在程序的第一行,如图 6-66 所示。此时按下使能按钮,并按步进键,逐步运行程序。

3) 打开"输入输出"菜单,选择"组输入",在运行过程中选择"仿真",如图 6-67 所示。设置 GI1 的值为 150,可以触发中断程序使机器人停止运行,再改变 GI1 的值为 151,可以触发中断程序使机器人继续运行。

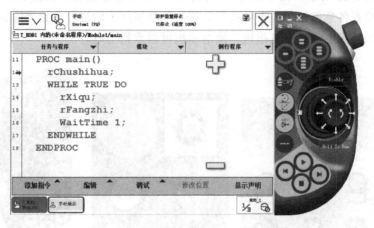

图 6-66 步骤 2)

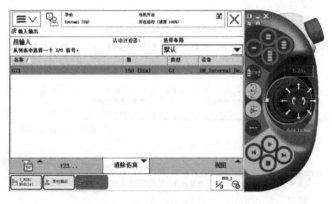

图 6-67 步骤 3)

三、任务拓展

尝试搬运排成 2 列的 8 个工件，试修改原来的程序。

四、思考与练习

在本任务中改用数字量输入信号触发中断后，系统该如何配置？程序该如何修改？

任务二　自动模式运行程序

一、相关知识

初学者在运行演示程序时可能会遇到一些因不熟悉设备而产生的问题，这些问题通常只需要通过简单操作就可以解决。

（1）急停报警处理　本系统有三个急停按钮，分别位于主控台、机器人控制柜和机器人示教器，如图 6-68 所示。按下任何一个按钮都会导致急停报警，如图 6-69 所示。如果发生这种情况，检查各急停按钮是否被按下。可按下触摸屏上的复位按钮消除警报，并按下机器人控制柜上的伺服电动机上电按钮，使电动机可以重新上电。

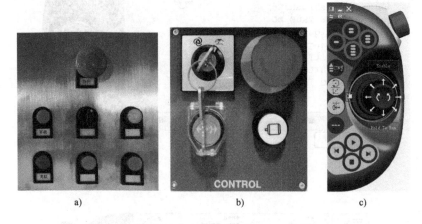

a)   b)   c)

图 6-68　工作站急停按钮

a）主控台急停按钮　b）机器人控制柜急停按钮　c）示教器急停按钮

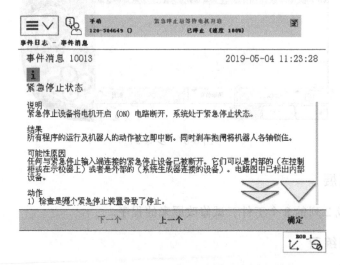

图 6-69　示教器急停报警信息

（2）机器人程序错误处理　如果运行程序时，报警提示 RAPID 程序错误，如图 6-70 所示，说明某一程序段中存在错误，需将该错误排除才能运行该程序。可使用程序编辑器中"调试"下的"检查程序"排查错误。如果无法排除程序错误，可以参看项目二中的任务二，重新恢复系统或者单独导入正确的程序。

（3）转数计数器未更新处理　如果系统提示转数计数器未更新，如图 6-71 所示，可参看项目二中的任务二，重新进行机器人的校准。

（4）关节超程处理　若机器人某一关节运动超出关节运动范围，如图 6-72 所示，此时可以使用单轴运动使超程的关节回复到正常范围内。

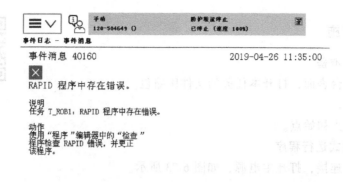

图 6-70　机器人程序错误

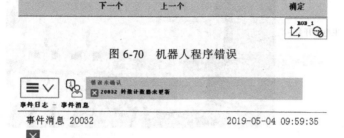

图 6-71　转数计数器未更新

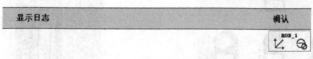

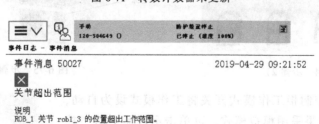

图 6-72　关节超程错误

二、任务实施

(一) 作业前准备

1) 清理工作台表面，打开本任务的文件压缩包。

2) 安全确认。

自动模式
运行程序

3) 确认机器人初始点。

(二) 自动模式运行程序

1) 检查电源连接，打开主电源，如图 6-73 所示。

主电源开关

图 6-73　步骤 1)

2) 按下控制面板启动按钮，如图 6-74 所示。

3) 打开机器人电源，如图 6-75 所示。

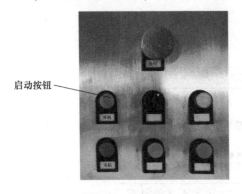

启动按钮

图 6-74　步骤 2)

电源

图 6-75　步骤 3)

4) 通过旋转控制柜工作模式开关将工作模式设为自动，如图 6-76 所示。如果采用模拟模式，可单击示教器上的"控制面板"切换工作模式。

5) 在示教器界面上单击"确定"按钮，如图 6-77 所示。

6) 在示教器程序界面上单击"PP 移至 Main"按钮，如图 6-78 所示。在弹出的对话框中单击"是"按钮，如图 6-79 所示，此时程序指针移至 main 程序首行，如图 6-80 所示。

7) 选择快速设置菜单，将速度改为 25%，如图 6-81 所示。

图 6-76　步骤 4)

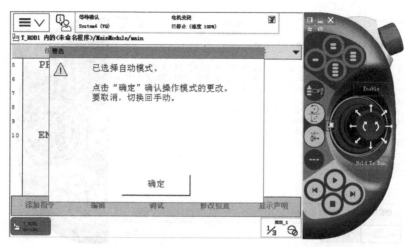

图 6-77 步骤 5)

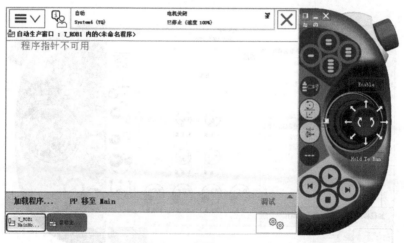

图 6-78 步骤 6)（一）

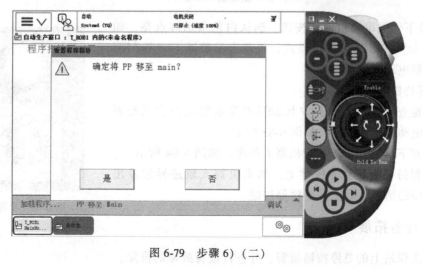

图 6-79 步骤 6)（二）

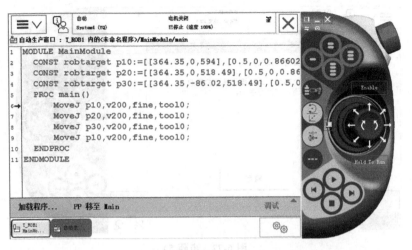

图 6-80　步骤 6)（三）

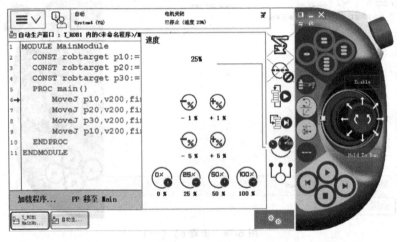

图 6-81　步骤 7)

8）按下伺服电动机使能按钮，确认白色指示灯点亮，如图 6-82 所示。如果采用模拟模式，可单击示教器上"控制面板"的伺服电动机使能按钮。

9）等待机器人启动。

10）检查示教器界面上方状态栏中显示的运行模式是否为自动，电动机是否开启，如图 6-83 所示。

11）按下启动按钮，运行机器人程序，如图 6-84 所示。

12）保持手指在暂停按键上，如果机器人轨迹异常或出现需要暂停的情况，马上按下暂停按键。

三、任务拓展

按下工作站上的急停按键报警，并进行报警故障的排除。

图 6-82　步骤 8)

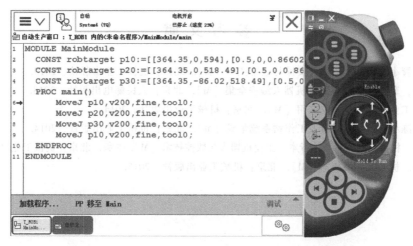

图 6-83　步骤 10)

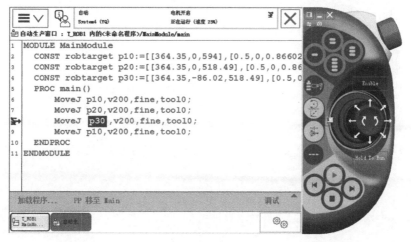

图 6-84　步骤 11)

四、思考与练习

1. 手动操纵和自动模式切换是通过（　　）实现的。

A. 示教器指令　　　　　　　　　　　　B. 设定动作方式

C. 旋动模式选择开关　　　　　　　　　D. 进入设定程序

2. 在手动操纵模式下对机器人仅进行编辑示教时，外部设备发出的启动信号（　　）。

A. 无效　　　　　　　　　　　　　　　B. 有效

C. 延时后有效　　　　　　　　　　　　D. 不确定

参 考 文 献

[1] 叶晖，管小清. 工业机器人实操与应用技巧 [M]. 北京：机械工业出版社，2010.

[2] 龚仲华，龚晓雯. ABB工业机器人编程全集 [M]. 北京：人民邮电出版社，2018.

[3] 兰虎. 工业机器人技术及应用 [M]. 北京：机械工业出版社，2014.

[4] 汪励，陈小艳. 工业机器人工作站系统集成 [M]. 北京：机械工业出版社，2014.

[5] 闻邦椿. 机械设计手册：单行本　工业机器人与数控技术 [M]. 5版. 北京：机械工业出版社，2015.

[6] 董春利. 机器人应用技术 [M]. 北京：机械工业出版社，2015.